12
1972

Faserforschung und Textiltechnik

WISSENSCHAFTLICH-TECHNISCHE ZEITSCHRIFT
FÜR DIE CHEMIEFASER- UND TEXTILINDUSTRIE

BEGRUNDET VON
ERICH CORRENS UND WALTER FRENZEL

HERAUSGEGEBEN VON ERICH CORRENS
WOLFGANG BOBETH – HANS BÖHRINGER – HERMANN KLARE
BURKART PHILIPP – CHRISTIAN RUSCHER
SCHRIFTLEITER J. BRÄMER UND I. RUSCHER

AUS DEM INHALT

AKADEMIE-VERLAG BERLIN

Faserforsch. u. Textiltechnik • 23. Jahrg. • Heft 12 • Seiten 501–544 • Berlin im Dezember 1972
FSTXA7 23 (12) 501–544 (1972) Preis: 15,– M • Sonderpreis DDR: 9,– M

DK 677.21.062.2:677.66:677.017.212:677.017.42:531.765.5

Perner, Harald, und *Jain, Kailash Chandra*

Der Einfluß von Fadenfeinheit und Nähfadenzugkraft auf die Festigkeit von Nähgewirken aus Baumwollfäden

Faserforsch. u. Textiltechnik **23** (1972) 12, S. 501—506, 12 Abb., 6 Tab., 2 Lit.

Proben von Nähgewirken und Vergleichsgeweben aus Fäden gleicher Feinheit wurden hergestellt und untersucht. Durch Fadenzugkraftmessungen in den drei Fadensystemen des Nähgewirkes, insbesondere dem Nähfadensystem, wurden Größe und Verlauf der Fadenzugkräfte ermittelt und ihre weitgehende Übereinstimmung mit den theoretisch zu erwartenden Werten festgestellt. Dabei zeigte sich, daß die Festigkeitseigenschaften des Nähgewirkes in weiten Grenzen von der Änderung der Nähfadenzugkraft unabhängig sind. Als Folge des inneren Verfestigungseffektes der Gewebebindung sind die Festigkeitswerte des Vergleichsgewebes höher als die des Nähgewirkes.

DK 678.745.32:54—145:535.36.08.535.371

Dautzenberg, Herbert

Zur Berücksichtigung des Fluoreszenzlichtes bei Streulichtmessungen

Faserforsch. u. Textiltechnik **23** (1972) 12, S. 519—523. 9 Abb., 3 Tab., 4 Lit.

Zur Berücksichtigung des Fluoreszenzlichtes bei Streulichtmessungen wird ein Verfahren vorgeschlagen, das auf der unterschiedlichen Winkel- und Konzentrationsunabhängigkeit des Streu- und Fluoreszenzlichtes beruht. Die Zuverlässigkeit des Verfahrens wurde an hitzegeschädigten Polyacrylnitrillösungen getestet.

DK 547.584'254.26:547.584'023:547.584'022:543.253

Berger, Werner, und *Ewert, Karl-Heinz*

Über das polarographische Verhalten einiger Derivate der Terephthal- und Isophthalsäure

1. Mitt.: Die Reduktion der Hydrazide an der Quecksilbertropfelektrode

Faserforsch. u. Textiltechnik **23** (1972) 12, S. 507—511. 6 Abb., 2 Tab., 19 Lit.

Ein Überblick über den Verlauf der polarographischen Reduktion von Terephthalsäurehydraziden und Isophthalsäuredihydrazid in gepufferten Lösungen wird gegeben. Die sukzessive Verschiebung des Halbstufenpotentials des Terephthalsäuredihydrazids in Abhängigkeit vom pH-Wert wird mit einer stufenweisen Ammoniumsalzbildung an den 4 Dihydrazid-N-Atomen begründet.

DK 677.463:677.014.87:537.533.35:546.47.02:543.53

Paul, Dieter, und *Bartsch, Dieter*

Zinknachweis in Celluloseregeneratfäden durch elektronenmikroskopische Autoradiographie

Faserforsch. u. Textiltechnik **23** (1972) 12, S. 523—524. 1 Abb., 7 Lit.

Die elektronenmikroskopische Autoradiographie gestattet die Lokalisierung einer radioaktiven Markierung in Feinstrukturen von Objekten. Die Methode wird angewandt, um die Reaktionszone von markiertem Zink im entstandenen Celluloseregeneratfaden nachzuweisen.

DK 678.657'126:536.495:678.048:542.92:543.226

Berger, Werner, Otto, Claus, Ahlers, Klaus-Dieter, und *Kuprat, Dieter*

Beiträge zu Problemen der Prüfung der Thermostabilisierung von Polyamid 6

Faserforsch. u. Textiltechnik **23** (1972) 12, S. 512—518. 10 Abb., 1 Tab., 14 Lit.

Ausgehend von allgemeinen Angaben zum Abbaumechanismus und zu Problemen der Thermostabilisierung von Polyamid 6 (PA 6), vergleichen die Autoren die Aussagekraft von dynamischer und isothermer Differentialthermoanalyse (DTA) und stellen sie der Temperungsmethode gegenüber. Die DTA-Verfahren sind als Schnellmethoden für das Auffinden geeigneter Thermostabilisatoren sehr gut geeignet, wobei die isotherme DTA eine stärkere Differenzierung zuläßt. Für Langzeituntersuchungen liefert eine Temperung der Proben mit anschließender physikalisch-chemischer Prüfung die praxisnaheste Aussage.

DK 389.6:677.017.2:168.1

Winkler, Friedrich

Standardisierte Begriffe der Textilprüfung und verwandter Gebiete

1. Statische Zugprüfung. Beiblatt F: Systematische und alphabetische Gliederung der Begriffe in französischer Sprache (Teil 1)

Faserforsch. u. Textiltechnik **23** (1972) 12, S. 525—534. 4 Lit.

DK 061.3.055.1,,1972"(480):678.4/.8:66.095.26:678.01:541.8

Hirte, Rolf

Internationales Symposium über Makromoleküle, Helsinki 1972

Faserforsch. u. Textiltechnik **23** (1972) 12, S. 534—536.

Neue Bücher S. 536—538.

Patentschau S. 538—541.

Literaturschau S. 541—544.

Die Zeitschrift „Faserforschung und Textiltechnik" erscheint monatlich in Heften zu 48 Textseiten im Format A 4. Der Preis für das Einzelheft beträgt M 15,— (Sonderpreis für DDR M 9,—), für den Vierteljahrbezug M 45,— (Sonderpreis für DDR M 27,—), zuzügl. Bestellgeld. Die Berechnung erfolgt zu Beginn eines Vierteljahrs für 3 Hefte. Bestellungen aus dem Gebiet der Deutschen Demokratischen Republik an ein Postamt, eine Buchhandlung oder den Verlag, aus der Deutschen Bundesrepublik an eine Buchhandlung oder die Auslieferungsstelle Kunst und Wissen, Erich Bieber, 7 Stuttgart 1, Wilhelmstraße 4—6, aus dem Ausland an eine Importbuchhandlung, den Deutschen Buch-Export und -Import GmbH., 701 Leipzig, Postschließfach 276, oder den Akademie-Verlag GmbH., 108 Berlin, Leipziger Str. 3—4 (Fernruf: 220441; Telex-Nr. 0112020; Postscheckkonto 35021) erbeten. Bestellnummer dieses Heftes: 1014/23/12. Alleinige Anzeigenannahme DEWAG-WERBUNG, 1054 Berlin, Wilhelm-Pieck-Str. 49, und alle DEWAG-Betriebe in den Bezirksstädten der DDR. — Bestellungen in der UdSSR nehmen entgegen: Städtische Abteilungen von „SOJUZPECHATJ" bzw. Postämter und Postkontore.

Herausgeber und verantwortlich für den Inhalt: Prof. Dr. Erich Correns, Institut für Faserstoff-Forschung der Akademie der Wissenschaften der DDR, 153 Teltow-Seehof, Fernruf: Teltow 4831; Prof. Dr.-Ing. habil. Wolfgang Bobeth, Institut für Technologie der Fasern der Akademie der Wissenschaften der DDR, 801 Dresden, Hohe Str. 6, Fernruf: 44721; Prof. Dr.-Ing. Hans Böhringer, Institut für Textiltechnologie der Chemiefasern Rudolstadt, Fernruf: Rudolstadt 2031; Prof. Dr. Hermann Klare, Prof. Dr. habil. Burkart Philipp und Dr. habil. Christian Ruscher, Institut für Faserstoff-Forschung der Akademie der Wissenschaften der DDR, 153 Teltow-Seehof, Fernruf: Teltow 4831. Schriftleiter: Joachim Brämer und Dipl.-Chem. Ingeborg Ruscher, 153 Teltow-Seehof, Kantstr. 55. Verlag: Akademie-Verlag GmbH., 108 Berlin, Leipziger Str. 3—4. Satz und Druck: Druckhaus „Maxim Gorki", 74 Altenburg. — Veröffentlicht unter der Lizenznummer 1280 des Presseamtes beim Vorsitzenden des Ministerrates der Deutschen Demokratischen Republik.

Faserforschung und Textiltechnik

WISSENSCHAFTLICH-TECHNISCHE ZEITSCHRIFT FÜR DIE CHEMIEFASER- UND TEXTILINDUSTRIE

Band 23 Dezember 1972 Heft 12

Der Einfluß von Fadenfeinheit und Nähfadenzugkraft auf die Festigkeit von Nähgewirken aus Baumwollfäden[1]

Harald Perner und Kailash Chandra Jain

Technische Universität Dresden, Sektion Verarbeitungs- und Verfahrenstechnik, Bereich Textiltechnik

DK 677.21.062.2:677.66:677.017.212:677.017.42:531.765.5

Proben von Nähgewirken und Vergleichsgeweben aus Fäden gleicher Feinheit wurden hergestellt und untersucht. Durch Fadenzugkraftmessungen in den drei Fadensystemen des Nähgewirkes, insbesondere dem Nähfadensystem, wurden Größe und Verlauf der Fadenzugkräfte ermittelt und ihre weitgehende Übereinstimmung mit den theoretisch zu erwartenden Werten festgestellt. Dabei zeigte sich, daß die Festigkeitseigenschaften des Nähgewirkes in weiten Grenzen von der Änderung der Nähfadenzugkraft unabhängig sind. Als Folge des inneren Verfestigungseffektes der Gewebebindung sind die Festigkeitswerte des Vergleichsgewebes höher als die des Nähgewirkes.

Влияние толщины нити и натяжения прошивной нити на прочность вязально-прошивных полотен на основе хлопчатобумажной нити

Были выработаны и изучены образцы вязально-прошивных полотен и тканей из нитей одинаковой толщины. В первом случае измерялось натяжение нитей в трех системах вязально-прошивных полотен, в частности, в системе прошивной нити. При этом определялись амплитуда и изменения натяжения нити во времени, причем наблюдалось почти полное совпадение полученных значений с теоретически ожидаемыми. В результате проведенных исследований было установлено, что прочностные характеристики вязально-прошивного полотна не зависят от изменения натяжения прошивной нити в широких пределах. Вследствие эффекта внутреннего упрочнения ткани при переплетении показатели прочности ткани выше, чем соответствующие показатели вязально-прошивного полотна.

The Influence of Fiber Finenes and Sewing Thread Tensile Load of Sewing Knit Fabrics Made of Cotton

Samples of sewing knit fabrics and comparison fabrics from fibers of the same fineness were prepared and investigated. By measuring the tensile load of the fibers in the three fiber systems of the sewing knit fabrics, especially of the sewing thread system, the size and run of the fiber tensile load were ascertained and their extensive conformance with the values theoretically to be expected was established. Thereby it was found that the fastness characteristics of the sewing knit fabrics are widely independent from the change of the tensile load of the sewing thread. In consequence of the intrinsic reinforcement of weave, the fastness characteristics of the comparison fabrics are better than these of the sewing knit fabrics.

1. Einleitung

In vorangegangenen Veröffentlichungen wurden bereits einige Ergebnisse aus Vergleichen von Nähgewirken und Geweben [1] sowie über den Einfluß der Fadenfeinheit auf die Eigenschaften von Nähgewirken dargelegt [2]. Im folgenden soll über weitere Zusammenhänge dieser Art berichtet werden, die durch systematisch durchgeführte Versuchsreihen ermittelt worden sind. Bei diesen Arbeiten stand die Frage im Vordergrund, ob die Fadenzugkräfte in den drei Fadensystemen des Nähgewirkes, insbesondere die Fadenzugkraft des Nähfadensystems, von bestimmendem Einfluß auf die Eigenschaften von Nähgewirken aus Baumwollfäden sind. Die Klärung dieses Problems ist von Bedeutung für die Führung des technologischen Prozesses.

2. Herstellung der Versuchsmuster

Um die Vergleichbarkeit mit bereits vorliegenden Ergebnissen zu sichern und um weitere Vergleiche zwischen Nähgewirken und Geweben zu ermöglichen, wurden die Nähgewirke und die Vergleichsgewebe wieder aus Baumwollfäden hergestellt. Dabei mußte, um den Schlichtprozeß für die Herstellung der Gewebe zu umgehen, auf Zwirne zurückgegriffen werden.

[1]) Auszug aus der Dissertation von Dr.-Ing. *K. Ch. Jain*, Technische Universität Dresden.
Außer dem erstgenannten Verfasser war weiterer Gutachter der Arbeit Prof. Dr.-Ing. habil. *W. Bobeth*.

Die Nähgewirke und die Vergleichsgewebe wurden mit folgenden Feinheiten in jeweils allen Fadensystemen gefertigt:

14 tex × 2,
20 tex × 2,
30 tex × 2.

Die Herstellung der Nähgewirke erfolgte auf einer Nähwirkmaschine, Typ Malimo 500, mit 14er Teilung und 2,3 mm Stichlänge. Die Vergleichsgewebe wurden auf einem Spulenschützen-Webautomat von Textima, Modell 4200, gefertigt. Da die Fadendichtevariation des Gewebes größer ist, wurden zuerst die Nähgewirkeproben hergestellt und die Fadendichte der Vergleichsgewebe so gewählt, daß nahezu gleiche Flächenmasse entstand.

Die Nähgewirke wurden in Trikotbindung, die Vergleichsgewebe in Panamabindung ($P\frac{2}{2}$) hergestellt. Damit waren die möglichen Bedingungen für eine weitgehende Vergleichbarkeit erfüllt. Um einen etwa vorhandenen Einfluß der Nähfadenzugkraft zu ermitteln, wurde diese Größe beim Nähgewirke in jeder Feinheit in den an der Maschine möglichen Grenzen verändert:

1. Minimale Fadenzugkraft, bei der der Maschenbildungsvorgang gerade noch möglich ist, ohne daß es zu Fallmaschen kommt.
2. Normale Fadenzugkraft, die nach den Erfahrungen der Nähwirker als günstigste Fadenzugkraft angesehen werden kann.
3. Maximale Fadenzugkraft, bei der der Nähwirkprozeß eben noch ohne Häufung von Nähfadenbrüchen vor sich geht.

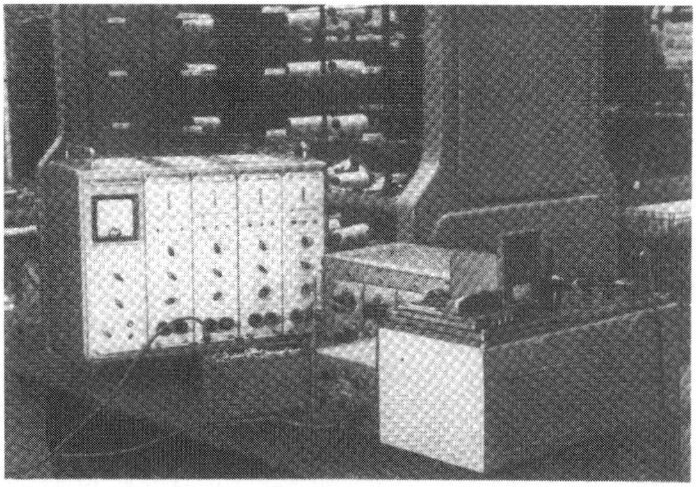

Bild 1. Versuchsstand zur Fadenzugkraftmessung

Bild 2. Meßstelle für die Nähfadenzugkraft

3. Fadenzugkraftmessung an der Nähwirkmaschine

Die Fadenzugkraftmessung an allen drei Fadensystemen des Nähgewirkes erfolgte mit einem induktiven Geber. Zur Registrierung wurde ein Oszillograph benutzt. Den verwendeten Versuchsstand zeigt Bild 1.

Als Meßstelle für das Nähfadensystem diente der senkrechte Lauf dieser Fäden, Bild 2. Die Zugkraft im Längsfadensystem wurde ebenfalls im senkrechten Abschnitt gemessen. Zur Messung der Querfadenzugkraft ist der Meßkopf am Querfadenleger befestigt worden, Bild 3. Um den Fadenzugkraftverlauf der Näh- und der Längsfäden bestimmten Phasen eines Arbeitsspieles der Maschine zuordnen zu können, wurde an der Schiebernadelbarre ein Kontaktschalter vorgesehen, Bild 4. Dieser Kontaktschalter ermöglichte die Registrierung der vorderen und der hinteren Stellung der Schiebernadelbarre. Ein weiterer Kontaktschalter wurde für den linken und den rechten Begrenzungssteg der Schußfadenlegerbewegung angeordnet.

Für die Nähfadenzugkraft innerhalb eines Arbeitsspieles ist theoretisch folgender Verlauf zu erwarten:

Bei der Rückwärtsbewegung der Schiebernadel mit dem neu aufgelegten Nähfaden ist mit einer kontinuierlichen Steigerung der Zugkraft im Nähfadensystem zu rechnen. Erst wenn die Schiebernadel mehr als die Hälfte ihres Weges zurückgelegt hat, also wenn die Schiebernadelspitze bereits durch die Fadenlagen hindurchgezogen wurde, ist mit einem kurzzeitigen Abfall der Zugkraft zu rechnen, da die vorher gebildete Maschenreihe in diesem Zeitpunkt von den Nadelschäften fällt. Anschließend steigt die Zugkraft weiter bis zum hinteren Totpunkt der Schiebernadelbewegung steil an. Im ersten Teil der Vorwärtsbewegung der Schiebernadel fällt die Zugkraft sodann stark ab. In der zweiten Hälfte des Vorschubes ist wieder ein Anstieg der Fadenzugkraft zu erwarten, da zu diesem Zeitpunkt die Masche auf den Nadelschaft geschoben wird. Gleichzeitig erreicht die Nähfadenlochnadel ihren höchsten Punkt und trägt dadurch ebenfalls zur Zugkrafterhöhung bei. Anschließend sinkt die Zugkraft

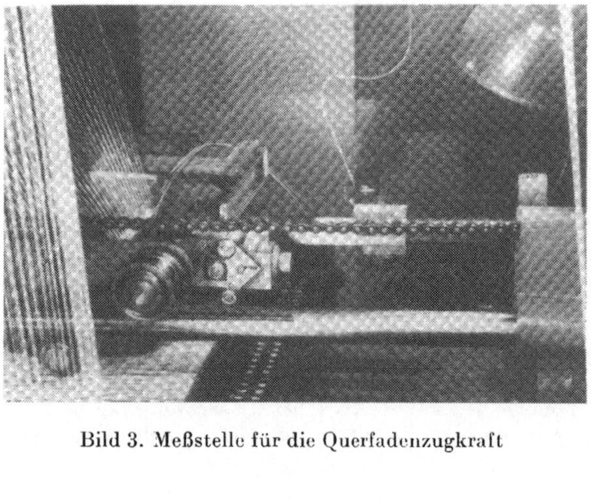

Bild 3. Meßstelle für die Querfadenzugkraft

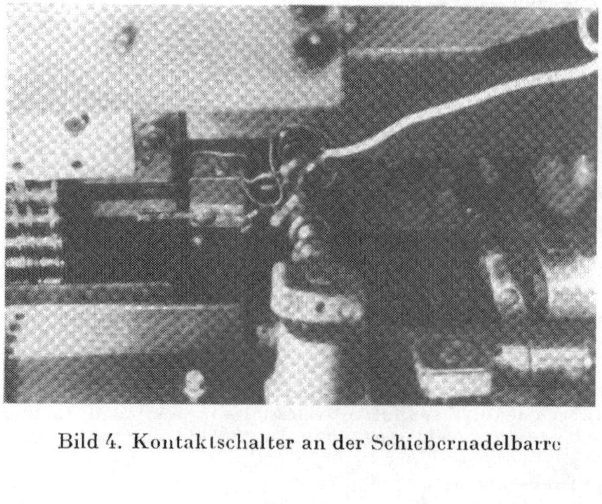

Bild 4. Kontaktschalter an der Schiebernadelbarre

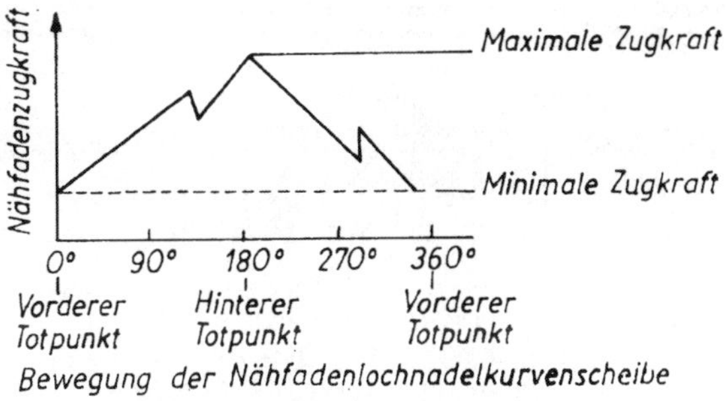

Bild 5. Zugkraftverlauf im Nähfadensystem (theoretisch)

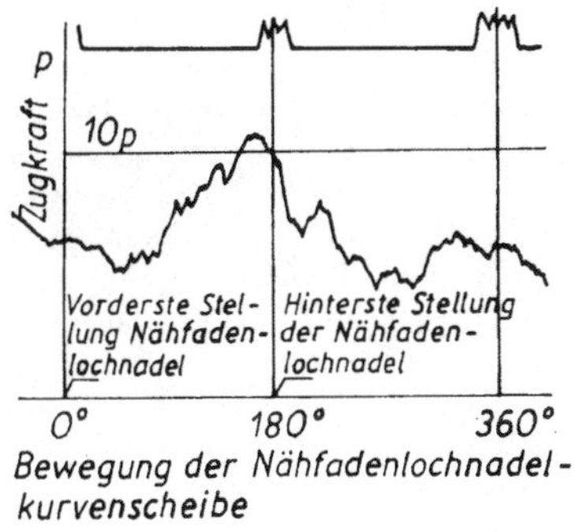

Bild 6. Zugkraftverlauf im Nähfadensystem (gemessen) (Fadenfeinheiten 30 tex × 2; Nähfadenzugkraft normal)

wieder ab. Am vorderen Totpunkt steht die Schiebernadel kurzzeitig still, und die Nähfadenlochnadel bewegt sich über die Schiebernadel hinweg. Dabei erreicht die Zugkraft ihren geringsten Wert. Der nach diesen Überlegungen gestaltete voraussichtliche Zugkraftverlauf ist in Bild 5 dargestellt worden. Die Messungen ergaben Verläufe, die die erwartete Kurvenform, mit den üblichen Kurzzeitschwankungen überlagert, im wesentlichen widerspiegeln, Bild 6.

Die Längsfäden unterliegen beim Nähwirkvorgang nur geringen Zugkraftschwankungen. Der Absolutwert ist hier jedoch viel größer als der der Nähfäden. Lediglich bei der Rückwärtsbewegung der Schiebernadel könnte eine kleine Zugkraftspitze erwartet werden, da der Nähfaden mit seinem neugebildeten Maschenfuß auf den Längsfaden drückt. Diese Zugkraftspitze ist in Bild 7 deutlich zu erkennen.

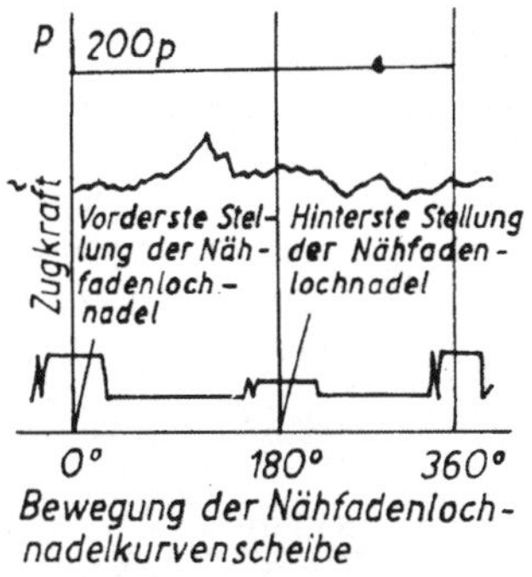

Bild 7. Verlauf der Längsfadenzugkraft (Fadenfeinheiten 20 tex × 2)

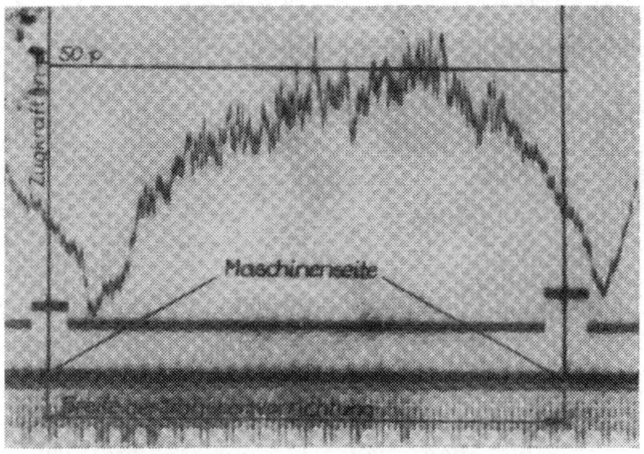

Bild 8. Verlauf der Querfadenzugkraft (Fadenfeinheiten 20 tex × 2)

Im Querfadenzugkraftverlauf ist durch den sich beschleunigenden Querfadenleger ein Anstieg der Zugkraft von einer Einhängenadelseite bis zur Mitte zu erwarten. Anschließend fällt die Zugkraft wieder ab, wenn sich der Querfadenleger verlangsamend der anderen Seite nähert, Bild 8.

Aus Bild 9 ist zu erkennen, daß zwischen den Absolutwerten der Fadenzugkräfte im Näh-, Längs- und Querfadensystem beträchtliche Unterschiede bestehen. Auffallend ist die sehr geringe Größe der Nähfadenzugkraft im Vergleich zur Längsfadenzugkraft. Dies war insofern nicht zu erwarten, weil von der in den Nähfäden herrschenden Kraft der Zusammenschluß von Längs- und Querfäden und damit die Haltbarkeit des Nähgewirkes primär beeinflußt wird. Selbst bei Anwendung der maximalen Nähfadenzugkraft bleibt diese noch weit unter der Längs- und Querfadenzugkraft. Trotz

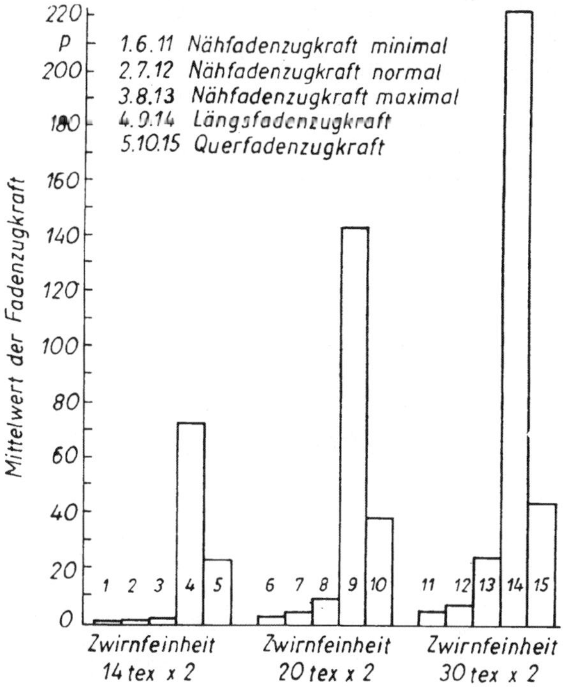

Bild 9. Fadenzugkräfte

Tabelle 1. Masseanteile und Flächenmassen

Zwirn-feinheit	Nähgewirke Masseanteile % m_L	m_Q	m_N	Nähgewirke Flächenmasse g/m²	Gewebe Masseanteile % m_K	m_S	Gewebe Flächenmasse g/m²
14 tex × 2	12,2	38,2	49,6	142,5	57,5	42,5	154,4
20 tex × 2	11,7	37,4	50,9	205,4	60,8	39,2	210,5
30 tex × 2	10,9	35,7	53,4	326,7	61,7	38,3	333,6

dieser geringen Werte der Nähfadenzugkraft entstanden aber haltbare Nähgewirke. Daraus ist zu folgern, daß dem Durchstechen von Querfäden mit Hilfe der Schiebernadeln und der dadurch entstehenden Fadendurchdringung von Näh- und Querfäden, die ein Charakteristikum des Nähwirkverfahrens ist und bei keinem anderen Herstellungsverfahren textiler Flächengebilde aus Fäden zu finden ist, eine außerordentliche Bedeutung für die Festigkeit der Nähgewirke zukommt.

Die erhebliche Größe der Längsfadenzugkraft ist damit zu erklären, daß die Längsfäden die gesamte Abzugsspannung des Nähgewirkes übernehmen müssen.

4. *Festigkeit und Dehnung der Nähgewirke und der Vergleichsgewebe*

Die Masseanteile und Flächenmassen der Nähgewirke und der Vergleichsgewebe sind aus Tabelle 1 ersichtlich. Der Vergleich der Flächenmassen zeigt, daß eine weitgehende Annäherung von Nähgewirke und Gewebe in bezug auf diese grundsätzliche Kenngröße erreicht worden ist, so daß die Vergleichbarkeit beider Flächengebilde (mit den bereits angeführten Einschränkungen [1]) als gegeben angenommen werden kann.

Das Nähgewirke besitzt in Längsrichtung zwei Fadensysteme, und zwar das Nähfaden- und das Längsfadensystem. Beide unterscheiden sich hinsichtlich der Einarbeitung bedeutend [1]. Deshalb reißen die beiden Fadensysteme bei Lastaufnahme nicht gleichzeitig, sondern nacheinander. Zunächst nehmen die fast gestreckten Längsfäden die gesamte Belastung auf. In dieser Zeit dehnen sich die Nähfäden, ohne an der Lastaufnahme wesentlich beteiligt zu sein. Nach dem Bruch der Längsfäden längen sich die Nähfäden weiter

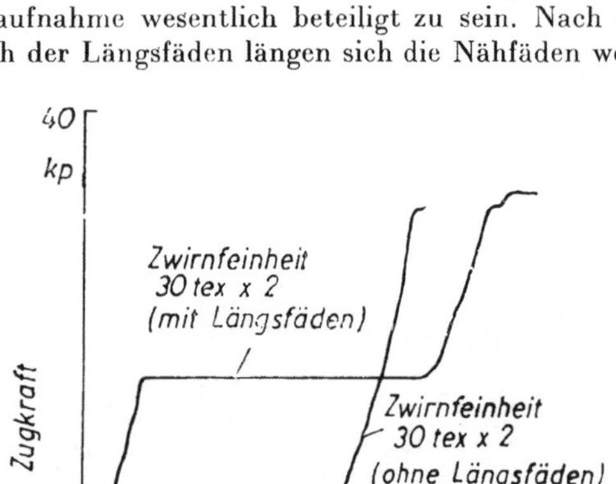

Bild 10. Kraft-Längenänderungs-Kurven von Nähgewirke mit (oben) und ohne (unten) Längsfadensystem

und beginnen dann mit der Lastaufnahme bis zum Bruch des Nähfadensystems.

Die Bedeutung des Längsfadensystems für die Festigkeit eines Nähgewirkes ist aus Bild 10 zu erkennen, in dem die Kraft-Längenänderungs-Kurven von Nähgewirke mit und ohne Längsfadensystem gegenübergestellt sind. Der waagerechte Teil der oberen Kurve entstand durch die Arretierung der Belastungsvorrichtung des Zugprüfgerätes. In Wirklichkeit tritt nach dem Bruch aller Längsfäden (erster Knick in der Kurve) eine Kraftabsenkung ein. Der erneute Kraftanstieg beginnt erst, wenn die ursprünglich in Maschenform eingebundenen Nähfäden soweit gedehnt worden sind, daß sie mit der Kraftaufnahme beginnen. Dieser zweite Kraftanstieg endet mit dem Bruch der Nähfäden.

Aus diesen Zusammenhängen kann abgeleitet werden, daß für die Gebrauchsfestigkeit eines Nähgewirkes die Festigkeit des Längsfadensystems entscheidend ist, denn nach dem Bruch aller Längsfäden verliert das Nähgewirke seine Gebrauchstüchtigkeit infolge der dann sehr großen Längsverformbarkeit, obwohl es anschließend noch einmal zu einer hohen Lastaufnahme bis zum Bruch aller Nähfäden kommt.

Die Reißkraft der Längsfäden kennzeichnet also die effektive Längsfestigkeit des Nähgewirkes. Es bestand nun die Frage, ob dieser Wert von der Nähfadenzugkraft beeinflußt wird. Aus Tabelle 2 ist zu erkennen, daß die Größe der Zugkraft im Nähfadensystem während der Herstellung der Nähgewirke keinen gesetzmäßigen Einfluß auf die Reißkraft in Längsrichtung hat. Das gleiche gilt auch für die Werte der Bruchdehnung und des (hier nicht dargestellten) Nähfadenbruches.

Diese an sich unerwartete Feststellung ist für die Praxis der Nähwirkerei von grundlegender Bedeutung. Aus diesen Versuchsergebnissen läßt sich deshalb für die untersuchte Probenart die Erkenntnis ableiten, das das wichtige Merkmal der Reißkraft in Längsrichtung eines Nähgewirkes zugkraftinvariant ist. Das bedeutet, daß sich die im Industriebetrieb unvermeidlichen Zugkraftschwankungen des Nähfadensystems während des Nähwirkprozesses nicht nachteilig auf die Eigenschaften des Nähgewirkes auswirken. Dadurch wird die technologische Stabilität des Nähwirkprozesses entscheidend erhöht, und es ist überflüssig, für das Nähfadensystem komplizierte Fadenzugkraft-Kompensations- oder Regelungssysteme zu entwickeln und zum Einsatz zu bringen. Die Tabelle 3 enthält die entsprechenden Werte des Vergleichsgewebes.

Ein Vergleich der zugeordneten Werte läßt erkennen, daß die Längsfestigkeit des Vergleichsgewebes 5,4- bis 6,0mal höher ist als die des Nähgewirkes. Diese Feststellung steht in Einklang mit früheren Versuchsergeb-

Tabelle 2. Längsfadenbruch und Bruchdehnung des Nähgewirkes

Zwirnfeinheit	Nähfaden-zugkraft	Längsfadenbruch F_B kp	v %	Bruchdehnung δ_B mm	v %
14 tex × 2	minimal	10,3 ± 0,3	5,9	20,7 ± 0,5	5,2
	normal	9,9 ± 0,3	6,8	20,5 ± 0,5	5,1
	maximal	10,4 ± 0,3	5,4	20,8 ± 0,3	3,0
20 tex × 2	minimal	13,3 ± 0,5	7,4	14,8 ± 0,5	6,9
	normal	14,0 ± 0,3	5,1	18,5 ± 1,0	10,9
	maximal	13,7 ± 0,3	5,0	17,9 ± 0,3	4,0
30 tex × 2	minimal	18,4 ± 0,9	6,9	21,9 ± 1,0	6,5
	normal	18,3 ± 0,8	5,8	21,0 ± 1,0	6,7
	maximal	19,4 ± 0,7	5,4	25,3 ± 1,1	6,0

Tabelle 3. Reißkraft und Bruchdehnung des Vergleichsgewebes

Zwirnfeinheit	Reißkraft F_R kp	v %	Bruchdehnung δ_B mm	v %
14 tex × 2	53,0 ± 2,1	8,4	32,6 ± 0,6	4,1
20 tex × 2	78,4 ± 1,1	3,1	38,2 ± 0,9	4,8
30 tex × 2	111,1 ± 2,9	5,6	45,0 ± 1,0	4,8

nissen [1]. Bezogen auf den Nähfadenbruch, liegt die Festigkeit des Gewebes 2,3- bis 3,2mal höher. Die prozentuale Zunahme der Reißfestigkeit der Vergleichsgewebe steigt mit abnehmender Garnfeinheit.

Die geringere Reißkraft des Nähgewirkes bei Längsfadenbruch ist auf den im Vergleich zum Kettfadenanteil m_K des Gewebes wesentlich niedrigeren Masseanteil des Längsfadensystems m_L zurückzuführen (Tabelle 1). Die ermittelten Festigkeiten von Nähgewirke und Gewebe verhalten sich zueinander in der Größenordnung etwa so wie der Masseanteil der Kettfäden im Gewebe zum Masseanteil des Längsfadensystems im Nähgewirke, wie Tabelle 4 erkennen läßt. Dadurch ist der allgemeine Schluß erlaubt, daß sich die Festigkeiten von vergleichbaren Geweben und Nähgewirken in der Größenordnung so zueinander verhalten wie die Masseanteile von Kett- bzw. Längsfadensystem. Da, gleiche Feinheiten in allen Fadensystemen vorausgesetzt, der Masseanteil der Kette im Gewebe größer ist als der Masseanteil des Längsfadensystems im Nähgewirke, wird die Festigkeit des Gewebes gesetzmäßig höher liegen. Selbst dann, wenn die Reißfestigkeit des Gewebes auf den Längsfadenmasseanteil bzw. auf die Fadendichte des Längsfadensystems des Nähgewirkes bezogen wird, liegen die Werte zugunsten des Gewebes um 3 bis 18% höher. Im Gewebe entsteht also durch die Druckkräfte des anderen Fadensystems ein festerer Fadenschluß, der festigkeitsfördernd wirkt.

Um die Festigkeit des Nähgewirkes zu verbessern, sind unter Aufgabe der Bedingung gleicher Feinheiten in allen Fadensystemen grundsätzlich zwei Wege denkbar:

1. Verwendung festerer Längsfäden.
2. Nach einem Vorschlag von *P. Raue* sollte die Konstruktion des Nähgewirkes so erfolgen, daß die Lastaufnahme von Längs- und Nähfadensystem gleichzeitig erfolgt oder sich zumindest in einem größeren Bereich überdeckt.

Die Bruchdehnung der Längsfäden ist entsprechend der geringen Einarbeitung beim Nähgewirke kleiner als beim Gewebe.

Eine vergleichende Gegenüberstellung der ermittelten Festigkeitswerte enthält Bild 11. Daraus sind die vorstehend geschilderten Zusammenhänge anschaulich zu erkennen.

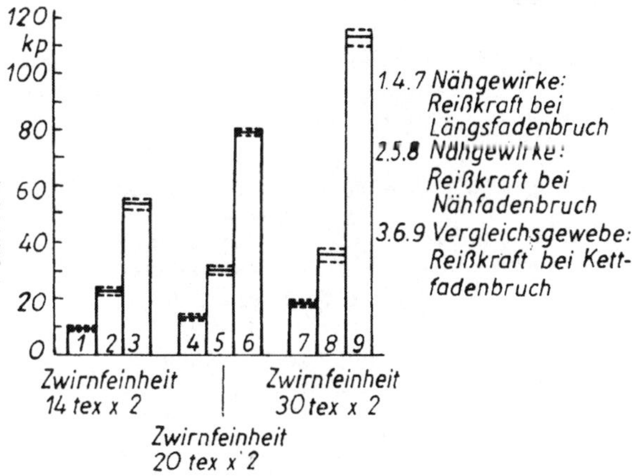

Bild 11. Gegenüberstellung der Längsfestigkeiten von Nähgewirken und Vergleichsgeweben

Tabelle 4. Zusammenhang von Festigkeit und Masseanteil

Zwirnfeinheit	Reißkraft Gewebe F_R kp	Masseanteil Kettfäden m_K %	Längsfadenbruch Nähgewirke F_B kp	Masseanteil Längsfäden m_L %	Verhältniszahl $\frac{F_R}{F_B}$	$\frac{m_K}{m_L}$
14 tex × 2	53,0	57,5	9,9	12,2	5,4	4,7
20 tex × 2	78,4	60,8	14,0	11,7	5,6	5,2
30 tex × 2	111,1	61,7	18,3	10,9	6,1	5,7

Tabelle 5. Reißkraft und Bruchdehnung des Nähgewirkes in Querrichtung (gemessene Werte)

Zwirnfeinheit	Nähfaden-zugkraft	Reißkraft in Querrichtung		Bruchdehnung in Querrichtung	
		F_Q kp	v %	δ_Q mm	v %
14 tex × 2	minimal	19,9 ± 0,5	5,8	23,1 ± 0,6	5,5
	normal	19,4 ± 0,6	6,5	22,9 ± 0,5	4,4
	maximal	19,3 ± 0,5	5,9	22,4 ± 0,6	6,5
20 tex × 2	minimal	27,0 ± 0,8	6,6	23,6 ± 0,9	7,6
	normal	26,3 ± 0,4	3,4	23,6 ± 0,6	5,5
	maximal	27,3 ± 0,6	5,1	23,4 ± 0,5	4,2
30 tex × 2	minimal	36,6 ± 0,4	1,5	28,7 ± 0,8	4,1
	normal	38,1 ± 1,0	3,8	23,2 ± 0,8	4,9
	maximal	38,1 ± 0,7	2,4	25,9 ± 0,5	2,9

Tabelle 6. Tatsächliche Reißkraft des Nähgewirkes in Querrichtung und Querfestigkeit des Vergleichsgewebes

Zwirnfeinheit	Tatsächliche Reißkraft des Nähgewirkes in Querrichtung	Reißkraft des Vergleichsgewebes in Schußrichtung		Bruchdehnung des Vergleichsgewebes in Schußrichtung	
	F_{QT} kp	F_S kp	v %	δ_S mm	v %
14 tex × 2	27,7	42,4 ± 0,6	2,8	19,8 ± 0,5	5,8
20 tex × 2	37,6	48,3 ± 1,2	5,2	18,5 ± 0,4	4,4
30 tex × 2	54,4	79,7 ± 1,8	4,9	26,6 ± 0,7	6,0

Die Werte der Tabelle 5 zeigen, daß auch die Festigkeit des Nähgewirkes in Querrichtung zugkraftinvariant in bezug auf die verschiedenen Nähfadenzugkräfte ist. Deshalb gelten hierfür die gleichen Schlußfolgerungen, wie sie für die Längsfestigkeit entwickelt worden sind. Da die gemessenen Werte in Tabelle 5 infolge zerschnittener Querfäden geringer sind, wird auf die wirkliche Reißkraft umgerechnet [1]. Tabelle 6 enthält diese Werte in Gegenüberstellung zu den Festigkeitswerten des Vergleichsgewebes in Schußrichtung. Es ist zu erkennen, daß die Festigkeitswerte des Vergleichsgewebes 1,25- bis 1,50mal so groß sind wie die des Nähgewirkes. Auch hier ist die Begründung im festeren Fadenschluß durch die Gewebebindung zu suchen. Beim Nähgewirke werden die Querfäden von den Nähfäden umschlungen; eine Fadenverkreuzung nach Gewebeart findet nicht statt. Deshalb ist der innere Verfestigungseffekt beim Gewebe entsprechend größer.

In Bild 12 sind die zu vergleichenden Werte noch einmal übersichtlich dargestellt worden.

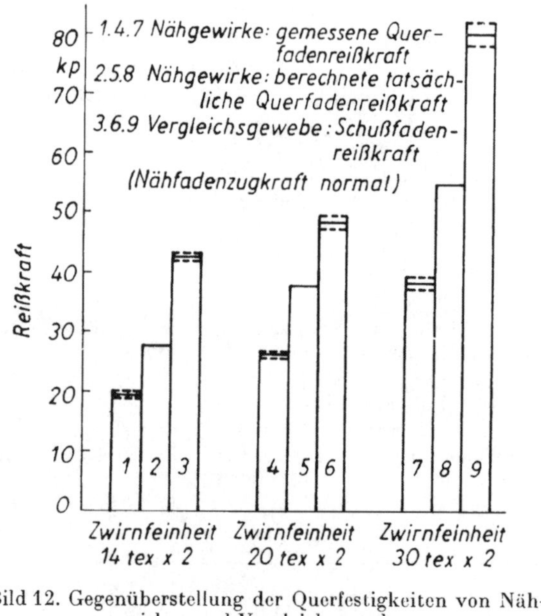

Bild 12. Gegenüberstellung der Querfestigkeiten von Nähgewirken und Vergleichsgeweben

5. *Zusammenfassung*

Aus jeweils Fäden gleicher Feinheit wurden drei Nähwirkproben und entsprechende Vergleichsgewebe hergestellt. Die Herstellung der Nähgewirke erfolgte mit normaler, mit extrem niedriger und extrem hoher Nähfadenzugkraft. Durch Fadenzugkraftmessungen wurden sodann Größe und Verlauf der Fadenzugkräfte im Längs-, Quer- und Nähfadensystem ermittelt und mit den theoretisch erwarteten Verläufen verglichen. Es ergab sich im wesentlichen Übereinstimmung zwischen erwartetem und gemessenem Verlauf. Von Bedeutung für die Praxis der Nähwirkerei ist das an sich unerwartete Ergebnis, daß die Festigkeitseigenschaften des Nähgewirkes trotz der Änderung der Nähfadenzugkraft in weiten Grenzen invariant sind. Das wirkt sich günstig auf die Stabilität des technologischen Prozesses aus; komplizierte Systeme zur Kompensation oder Regelung der Nähfadenzugkraft, z. B. in Abhängigkeit vom Bewicklungsdurchmesser des Nähfadenbaumes oder vom Material, sind dadurch nicht erforderlich.

In Übereinstimmung mit früheren Ergebnissen zeigte sich auch bei diesen Untersuchungen, daß der Webprozeß zu einem größeren Verfestigungseffekt bei der Verarbeitung von Textilfäden gleicher Feinheit und Masse führt.

Literatur

[1] *Perner, H.*, und *Mikut, I.:* Vergleichende Untersuchung von Nähgewirken und Geweben. Dt. Textiltechnik **18** (1968) S. 623—629.

[2] *Perner, H., Raue, P.*, und *Fietz, S.:* Der Einfluß der Fadenfeinheit auf die textilphysikalischen Eigenschaften von Nähgewirken. Dt. Textiltechnik **19** (1969) S. 745 — 749.

Eingegangen am 25. August 1972

Über das polarographische Verhalten einiger Derivate der Terephthal- und Isophthalsäure

1. Mitt.: Die Reduktion der Hydrazide an der Quecksilbertropfelektrode

Werner Berger und Karl-Heinz Ewert

Technische Universität Dresden, Sektion Chemie, und VEB Chemiefaserkombinat Schwarza „Wilhelm Pieck", Chemiefaserwerk Wilhelm-Pieck-Stadt Guben, Abteilung Forschungslabor

DK 547.584'054.26:547.584'023:547.584'022:543.253

Ein Überblick über den Verlauf der polarographischen Reduktion von Terephthalsäurehydraziden und Isophthalsäuredihydrazid in gepufferten Lösungen wird gegeben. Die sukzessive Verschiebung des Halbstufenpotentials des Terephthalsäuredihydrazids in Abhängigkeit vom pH-Wert wird mit einer stufenweisen Ammoniumsalzbildung an den 4 Dihydrazid-N-Atomen begründet.

Полярографическое поведение некоторых производных терефталевой и изофталевой кислот
1-е Сообщ.: Восстановление гидразидов на ртутном капельном электроде

Приводятся данные о процессе полярографического восстановления гидразидов терефталевой кислоты и дигидразида изофталевой кислоты в буферных растворах.
Постепенное смещение потенциала полуволны дигидразида терефталевой кислоты в зависимости от значения pH обьясняется ступенчатым образованием аммониевой соли на четырех атомах азота дигидразида.

About the Polarographic Behavior of Some Derivatives of the Terephthalic and Isophthalic Acids
1st Comm.: The Reduction of Hydrazides on the Dropping Mercury Electrode

A survey is given about the course of the polarographic reduction of terephthalic acid hydrazides and isophtalic acid dihydrazides in buffered solutions. The successive displacement of the half step potential of the terephthalic acid dihydrazide depending of the pH-value is proved with a gradually formation of ammonium salt on the 4 dihydrazide-N-atoms.

1. *Einleitung*

Die Reduktion der Terephthalsäure selbst wird in Gegenwart von mehrwertigen Kationen (Mg^{++}, Ca^{++}) erleichtert, was mit einer Ausbildung von Kationenbrücken [1] und durch „Superprotonierung" der Carbonylgruppen durch diese Kationen [2] erklärt wird. Hierdurch erhöht sich die Elektrophilie des Carbonylkohlenstoffatoms und damit kann eine Reduktion innerhalb des praktisch ausnutzbaren Potentialbereiches bei polarographischen Analysen erfolgen.

Von den Derivaten der drei stellungsisomeren Phthalsäuren ist vor allem die polarographische Reduktion einiger Methyl- und Äthylester [3] sowie der Dinitrile [4] beschrieben worden. Der eindeutige Verlauf der Nitrierung [5] von Terephthal- und Isophthalsäure und der unterschiedliche Wert der Halbstufenpotentiale beider Nitrosubstitutionsprodukte ermöglichen eine quantitative Bestimmung beider Säuren im Gemisch und in veresterter Form [6]. Die polarographische Aktivität von Terephthalsäuredihydrazid (TDH) und Terephthalsäuremonohydrazid (TMH) fanden wir bei den Arbeiten zur Hydrazinolyse von Polyäthylenterephthalat (PÄT) [7]. Grundlegende Untersuchungsergebnisse zu dieser Aminolysereaktion sind in umfangreichen Arbeiten publiziert worden [8].

Im 1. Teil dieser Arbeit werden das Verhalten einiger Phthalsäurehydrazide an der Quecksilbertropfelektrode geprüft und die Arbeitsbedingungen für ihre analytische Bestimmung abgeleitet. In die Untersuchungen ist das Dihydrazid der Isophthalsäure (IDH) einbezogen worden, da diese Säure häufig als Begleiter der Terephthalsäure vorkommt und folglich sowohl im Dimethylterephthalat (DMT) als „Verunreinigung" als auch im PÄT als Kettenglied [6] erscheint. Im 2. Teil dieser Arbeit wird untersucht, ob der Ablauf der Hydrazinolyse und die polarographische Reduktionsreaktion von TDH durch Gegenwart einer zweiten Hochpolymerenkomponente (Bi- und Cokomponenten, Polymermischungen und Fasermischungen mit PÄT-Anteil) beeinflußt werden. Aus den Ergebnissen wird eine schnell durchführbare und selektive Bestimmungsmethode für PÄT neben anderen Hochpolymeren diskutiert.

2. *Reaktionen der Hydrazide*

Für Hydrazinderivate mit der charakteristischen Atomgruppierung $R-CO-NH-NH_2$ sind Analysenverfahren bekannt, die auf Redoxreaktionen beruhen [9]. Oxydationsmittel spalten die C—N-Bindung unter Bildung von Carbonsäure und Stickstoff, die Reduktion führt meist zur Bildung von Amiden und Ammoniak. Bei diesen titrimetrisch durchgeführten Analysen wird die Summe aller Hydrazide erfaßt; die polarographische Methode läßt Simultanbestimmungen zu.

Die ersten polarographischen Untersuchungen an Hydrazinderivaten wurden durchgeführt, nachdem diese als Therapeutika Bedeutung erlangten [10, 11]. Unter den beschriebenen Acylhydraziden [12] fehlen unseres Wissens die Terephthaloyl- und Isophtaloylhydrazide. Einen breiteren Raum nimmt dagegen die Beschreibung des elektrochemischen Verhaltens des Phthalhydrazids (Phthalazindion-(1.4)) [13, 14] und einiger Derivate auf Grund ihrer größeren Bedeutung ein.

Einen Einblick in die Elektrodenreaktion der polarographischen Säurehydrazidreduktion vermitteln vor allem zwei Arbeiten. Es wird einmal nachgewiesen, daß bei der oszillopolarographischen Reduktion von Benzhydrazid [15] Benzaldehyd und Hydrazin und als Reaktionsprodukt beider Benzalhydrazon entsteht. Für Nicotinsäurehydrazid [10] wird dagegen die reduktive Spaltung der N—N-Bindung — als Reaktionsprodukte treten das Säureamid und Ammoniak auf — angenommen.

3. *Experimentelle Angaben*

Die beiden isomeren Phthalsäurehydrazide wurden durch Reaktion von DMT und Dimethylisophthalat (DMT) mit 85%igem Hydrazinhydrat unter Druck in großer Ausbeute hergestellt. Das DMT lag in „Faserqualität" vor.

Durch Umesterung von DMT mit Äthylenglykol in Gegenwart von Zinkacetat als Katalysator wurde das Bis-(β-hydroxyäthyl)-terephthalat („Diglykolterephthalat", DGT) erhalten. Partielles Verseifen dieses Diglykolesters führt zum Monoglykolterephthalat (MGT). Die Umsetzung von MGT

Tabelle 1. Verwendete Substanzen

Nr.	Verbindung	Schmelzpunkt °C		Literatur
		Lit.	gef.	
1	DMT	140,63	140,70	—
2	DMI	67	65	[16]
3	DGT	109	108	[17]
4	MGT	175	178	[17]
5	TDH	300	296	[8]
6	TMH	—	>250 Z	—
7	IDH	220	225	[18]
8	TMMH	—	— x	—
9	TDMH	—	230 ... 35	—

Z = Zersetzung
— x = wurden nicht isoliert

mit Hydrazin ergibt Terephthalsäuremonohydrazid (TMH). MGT und DGT reagieren mit Methylhydrazin zum Terephthalsäuremono-(methylhydrazid) (TMMH) und Terephthalsäuredi-(methylhydrazid) (TDMH).

In der Tabelle 1 sind die benötigten Substanzen mit ihren charakteristischen Konstanten aufgeführt. Die Literaturzitate weisen auf die nähere Beschreibung der Substanzen hin.

Die Reinheitskontrolle wurde neben der Überprüfung der schon angegebenen Schmelzpunkte auch durch Beurteilung der Polarogramme durchgeführt. Für die Registrierung der Polarogramme stand ein Polarograph der Firma Radelkis, Typ OH 102, zur Verfügung.

Als Referenzelektrode diente eine gesättigte Kalomelelektrode. Die Tropfelektrode war durch eine Kapillarenkonstante von $I = 2{,}01\ \mathrm{mg}^{2/3} \cdot s^{1/6}$ charakterisiert. Als Stammlösungen wurden 10^{-3} M-Lösungen der Hydrazide in DMF und Hydrazinhydrat verwendet. Die Feinheitskonstanz wurde durch Registrieren der Reduktionsstufenhöhe über einen großen Zeitraum nachgewiesen. Als Grundelektrolyt diente *Britton/Robinson*-Puffer. Die Meßlösungen enthielten, wenn nicht anders angegeben, 10 Vol.-% DMF. Der Sauerstoff wurde mit einem Stickstoffstrom (O_2-Gehalt < 5 ppm) aus den Lösungen entfernt. Die angegebenen Halbstufenpotentiale sind unkorrigierte Mittelwerte aus Doppelbestimmungen.

4. *Ergebnisse und Diskussion*

Aufschluß über den Charakter des Grenzstromes der polarographischen Reduktion aktiver Verbindungen erhält man bei der Bestimmung einiger funktioneller Zusammenhänge, die sich aus der *Ilkovič*-Gleichung [19] ableiten. Diese Gleichung beschreibt quantitativ die Abhängigkeit des Diffusionsgrenzstromes von seinen Einflußgrößen:

$$\bar{i}_d = 607 \times n \times D^{1/2} \times m^{2/3} \times t_1^{1/6} \times \bar{C}.$$

Die Grenzstromhöhe von TDH und TMH ist im pH-Bereich von 8 bis 12 proportional $\sqrt{H_{Hg}}$. Der Temperaturkoeffizient des Grenzstromes beträgt hier 1,6% für TDH und 1,8% für TMH. Die Eichgeraden lassen sich durch die *Ilkovič*-Gleichung in einem weiten Konzentrationsbereich von 10^{-5} bis 10^{-3} M/l gut beschreiben.

Aus diesen Ergebnissen folgt, daß die Reduktionsstufen im näher untersuchten pH-Bereich diffusionsbegrenzt sind. An der Elektrodenreaktion nehmen im genannten pH-Bereich zwei Elektronen teil. Für die Berechnung dieses Wertes nach der *Ilkovič*-Gleichung

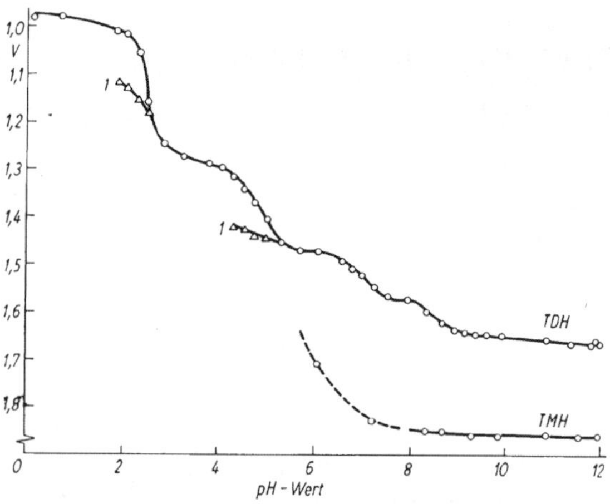

Bild 1. Abhängigkeit des Halbstufenpotentials der polarographischen Reduktion von TDH und TMH vom pH-Wert
Die Polarogrammserie wurde in *Britton/Robinson*-Puffer, der 10 Vol.-% DMF enthielt, registriert. Die mit „1" gekennzeichneten Kurvenäste zeigen den Verlauf der Halbstufenpotentiale der Dissoziationsdoppelstufen an.

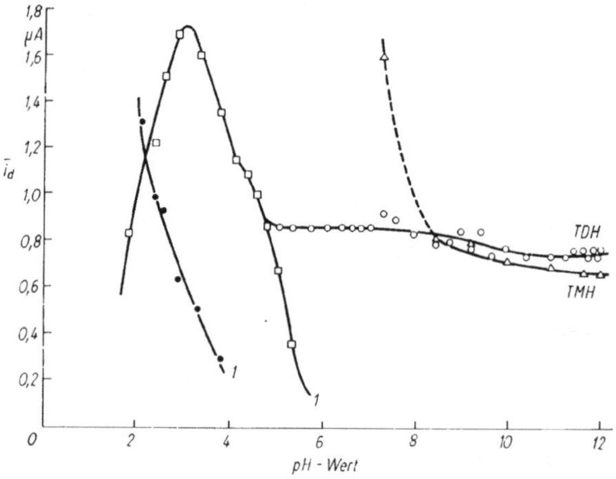

Bild 2. Abhängigkeit des Diffusionsgrenzstromes von TDH und TMH vom pH-Wert
Die mit „1" gekennzeichneten Kurvenäste geben den Verlauf der Dissoziationsdoppelstufen an.

wurde der Diffusionskoeffizient der Nitroterephthalsäure verwendet [6]. Die nähere Beschreibung des Verhaltens beider Hydrazide im Bereich $1 < \mathrm{pH} < 7$ ist Gegenstand weiterer Untersuchungen.

Einen interessanten Kurvenverlauf zeigen die Funktionen $E_{1/2} = f(\mathrm{pH})$ und $\bar{i}_d = f(\mathrm{pH})$ der TDH-Reduktion über den gesamten pH-Bereich. Hierzu wurde eine Polarogrammserie mit pH-Intervallen von 0,2 Einheiten aufgenommen. Die resultierende Abhängigkeit des Halbstufenpotentials und des Grenzstromes vom pH-Wert zeigen die Bilder 1 und 2.

Die Dihydrazide sind Verbindungen, die mehrere basische Funktionen besitzen; es werden daher in Lösung in Abhängigkeit vom pH-Wert mehrere konjugierte Säure/Base-Paare miteinander im Gleichgewicht stehen. Bei Beachtung der Dissoziationsmöglichkeiten können folgende Formen vorliegen:

An den terminalen Stickstoffatomen ist die Basizität am größten. Hydrazin selbst und einige Derivate bilden

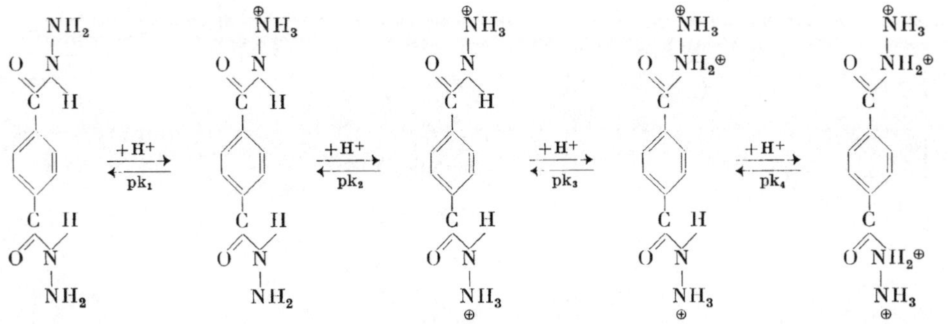

I II III IV V

ebenfalls Salze, bei denen positive Ladungen an benachbarten Stickstoffatomen vorkommen.

Das Vorliegen dieser Gleichgewichte bildet die Basis für die weitere Argumentation.

Dissoziationsgleichgewichte zwischen fünf Formen lassen sich auch aus dem Kurvenverlauf (Bild 1) ablesen. Nach dieser Interpretation liegt im pH-Bereich 9 bis 12 nur die „nichtionisierte" Form I vor. Die pk-Werte für die pH-abhängigen Gleichgewichte betragen:

$$pk_1 = 8{,}5;\ pk_2 = 6{,}9;\ pk_3 = 5 \ \text{und}\ pk_4 = 2{,}6.$$

Ähnlich, wie bei reduzierbaren Säuren das Anion bei negativeren Potentialen reduziert wird als das undissoziierte Molekül, verschiebt sich das Halbstufenpotential mit Wachsen der positiven Ladung des Depolarisators zu positiveren Potentialen. Die Annäherung von Kationen an die Kathode ist gegenüber den mit dieser Elektrode gleichnamig geladenen Anionen energetisch begünstigt. So führt die sukzessive Protonierung zu einer stufenweisen Änderung des Halbstufenpotentials. Diese Verschiebung wird außerdem auch durch Auftreten des -I-Effekts der $-NH_3^{\oplus}$-Gruppen in den Formen II und III und dessen Verstärkung nach der Dritt- und Viertprotonierung in den Formen IV und V zur $-NH_2^{\oplus}$-$NH_3^{\oplus}$-Gruppierung bestimmt. Hierdurch wird die Elektronendichte besonders an den beiden direkt mit den quartären Stickstoffatomen verbundenen Carbonylkohlenstoffatomen und im Kern stärker herabgesetzt als bei den Formen II und III. Eine nucleophile Anlagerung von Elektronen (Reduktion) wird stufenweise erleichtert. Der Kurvenverlauf muß also durch mindestens zwei sich überlagernde Effekte erklärt werden. Dissoziationsdoppelstufen lassen sich nur bei den Gleichgewichts-pH-Werten von 2,6 der Formen V/IV und bei pH = 5 der Formen IV/III aufzeichnen, da $\Delta E_{1/2}$ für die Formen III, II und I kleiner als 150 mV wird und somit die untere Auflösungsgrenze für zwei benachbarte Stufen erreicht ist. Bild 3 zeigt die Lage der Halbstufenpotentiale der Formen $I \rightarrow V$ in Abhängigkeit von der positiven Ladung.

Der Verlauf der Funktion $\bar{i}_d = f(\mathrm{pH})$ (Bild 2) zeigt, daß sich unterhalb pH = 5 die Vorgänge an der Elektrode ändern, da der Grenzstrom steil bis auf die doppelte Höhe ansteigt. Im pH-Bereich 9 bis 12 ist die Stufenhöhe konstant und der Diffusionsgrenzstrom gut ausgebildet. Eine quantitative Bestimmung von TDH und TMH auch nebeneinander (Bild 4) muß in diesem Bereich durchgeführt werden.

Das Verhalten des TMH wird hauptsächlich durch die Carboxylgruppe bestimmt. Im pH-Bereich >8 tritt eine gut definierte und maximumfreie Reduktionsstufe auf, deren Halbstufenpotential vom pH-Wert unabhängig und um 200 mV negativer liegt als das des Dihydrazids.

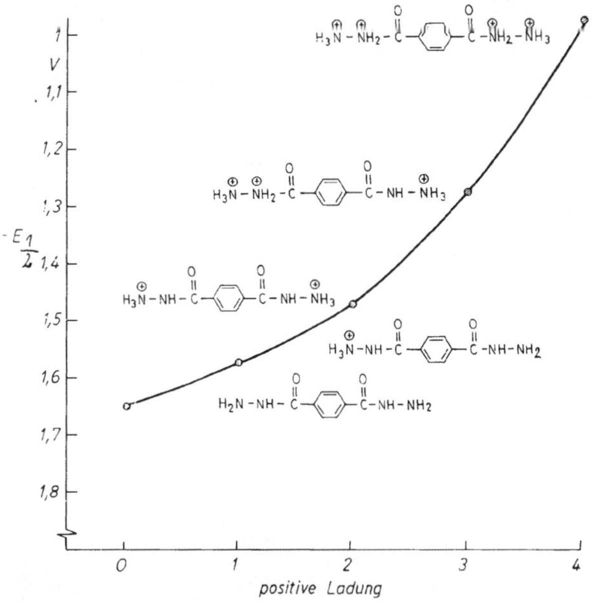

Bild 3. Änderung des Halbstufenpotentials von TDH in Abhängigkeit vom Grad der Protonierung (Ammoniumsalzbildung)

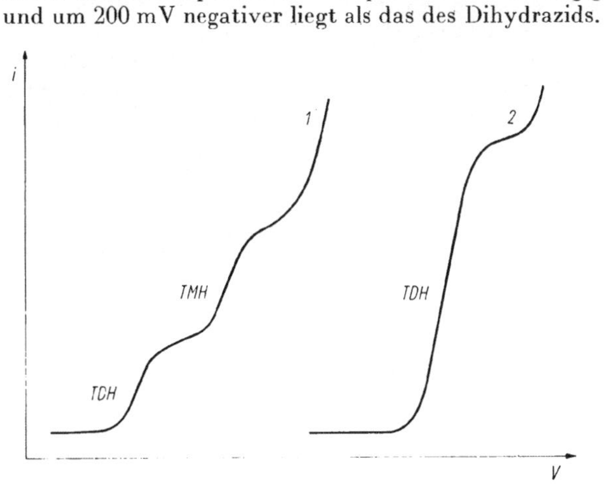

Bild 4. Polarogramme von TDH im Gemisch mit TMH gleicher Konzentration (Kurve 1) und TDH in Gegenwart von Hydrazin (Kurve 2)
Die Oszillationen der registrierten Kurven wurden nicht gezeichnet.

Tabelle 2. Halbstufenpotentiale der untersuchten Hydrazide $R_1-C_6H_4-R_2$ und deren korrespondierender Ammoniumkationen in Britton/Robinson-Puffer

Nr.	R_1	R_2	pH	$E_{1/2}$ (−V)
1	$-CONH-NH_2$	$-CONH-NH_2$	9···12	1,65
2	$-CONH-\overset{\oplus}{N}H_3$	$-CONH-NH_2$	7,7	1,575
3	$-CONH-\overset{\oplus}{N}H_3$	$-CONH-\overset{\oplus}{N}H_3$	5,8	1,475
4	$-CO\overset{\oplus}{N}H_2-\overset{\oplus}{N}H_3$	$-CONH-\overset{\oplus}{N}H_3$	3,4	1,280
5	$-CO\overset{\oplus}{N}H_2-\overset{\oplus}{N}H_3$	$-CO\overset{\oplus}{N}H_2-\overset{\oplus}{N}H_3$	0···1	0,980
6	$-CONH-NH_2$	$-COO^{\ominus}$	9···12	1,86
7	$-CONH-NH-CH_3$	$-CONH-NH-CH_3$	9···10	1,76
8	$-CONH-NH-CH_3$	$-COO^{\ominus}$	9···10	1,89
9	$-CONH-NH_2$	$-CONH-NH_2$(m)	7,54	1,75

Daß sich $E_{1/2\text{TMH}}$ nicht in den Gang der Halbstufenpotentiale der Dihydrazidformen (Bild 3) mit ihren Ionenladungen einordnet, kann mit der durch die Carboxylatgruppe verursachten Erhöhung der Elektronendichte im Molekül erklärt werden. Ein nucleophiler Elektronenübergang bei der Reduktion auf den Kern oder die p-ständigen Carbonylkohlenstoffatome ist gegenüber dem Dihydrazid erschwert.

Die Stufenhöhen äquimolarer Lösungen von TDH und TMH sind im genannten pH-Bereich gleich. Unterhalb pH = 8 wird die Stufe bald vom „Endanstieg" überdeckt; der Grenzstrom steigt steil an, und das Halbstufenpotential wird zu positiveren Werten verschoben (Bild 1). Es ist anzunehmen, daß diese Änderungen auf die Bildung der undissoziierten —COOH-Gruppe zurückgehen. Eine Beeinflussung durch den nahen „Endanstieg" ist nicht ganz auszuschließen.

Das Bis-N-methylhydrazid und das Mono-N-methylhydrazid der Terephthalsäure werden ebenfalls in diesem pH-Bereich reduziert. Der +I-Effekt der Methylgruppe bedingt die Verschiebung der Halbstufenpotentiale gegenüber denen der entsprechenden unsubstituierten Hydrazide im pH-Bereich 9 bis 12. Der Grenzstrom ist sowohl der Konzentration als auch $\sqrt{H_{Hg}}$ proportional. Auch diese Stufen sind diffusionsbegrenzt.

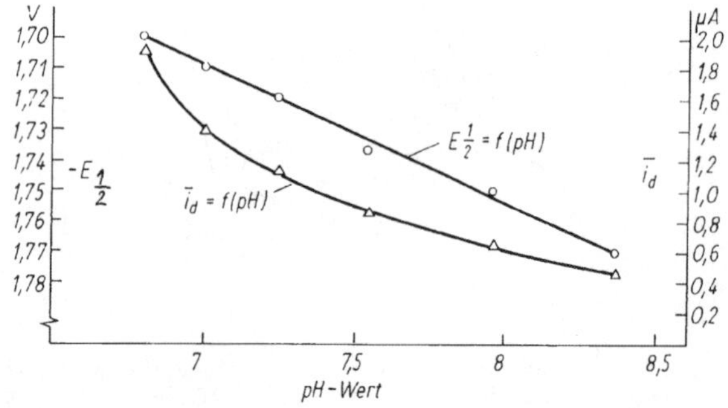

Bild 5. Änderung des Halbstufenpotentials und des Diffusionsgrenzstromes von IDH in Abhängigkeit vom pH-Wert

Die Abhängigkeit des Grenzstromes und des Halbstufenpotentials vom pH-Wert sind in Bild 5 dargestellt. Die Steilheit der Reduktionsstufe ist geringer als die der anderen Hydrazide.

Nähere Untersuchungen zum Reduktionsmechanismus und zur Reversibilität der Reduktionsreaktion der Hydrazide an der Quecksilbertropfelektrode wurden nicht durchgeführt. In der Tabelle 2 sind die untersuchten Substanzen mit ihren Halbstufenpotentialen zusammengestellt.

5. *Zur quantitativen Bestimmung der Hydrazide*

Bis auf das Isophthalsäuredihydrazid bilden die untersuchten Hydrazide im pH-Bereich 9 bis 12 analytisch gut auswertbare Reduktionsstufen. Da sich hier weder das Halbstufenpotential noch der Diffusionsgrenzstrom ändern, sind *Britton/Robinson*-Pufferlösungen als Grundelektrolyt geeignet. In Ammoniumchloridpuffer erhält man ebenfalls gut ausgebildete Stufen. Weil sich die Halbstufenpotentiale von IDH und TDH (Hydrazinolyseprodukte von Isophthalsäure- und Terephthalsäureestern, z. B. DMI und DMT) nur um etwa 100 mV unterscheiden, ist eine exakte quantitative Trennung der genannten stellungsisomeren Ester besonders bei Überschuß einer Komponente auf diesem Wege nicht möglich. Wird die Analyse eines Hydrazinolyseproduktes durchgeführt, so muß der Einfluß von überschüssigem Hydrazin und Dimethylformamid auf die Reduktionsstufe bekannt sein. Dieser Einfluß ist in Bild 6 dargestellt. Bei Messungen in Gegenwart von größeren Konzentrationen an Dimethylformamid ist auf eine mögliche Veränderung der handelsüblichen Kalomel-Stabelektroden zu achten; die Stufenhöhe, der Verlauf des Grenzstromes und das Halbstufenpotential werden ebenfalls beeinflußt. In hydrazinhaltigen Lösungen treten diese Effekte nicht auf (Bild 6). Die Löslichkeit der Hydrazide ist aber in dieser Lösung geringer, und die Reduktionsstufe von TMH fällt mit dem „Endanstieg" zusammen. PÄT läßt sich nach Hydrazinolyse zu TDH und anschließender quantitativer polarographischer Analyse mit einer Reproduzierbarkeit von

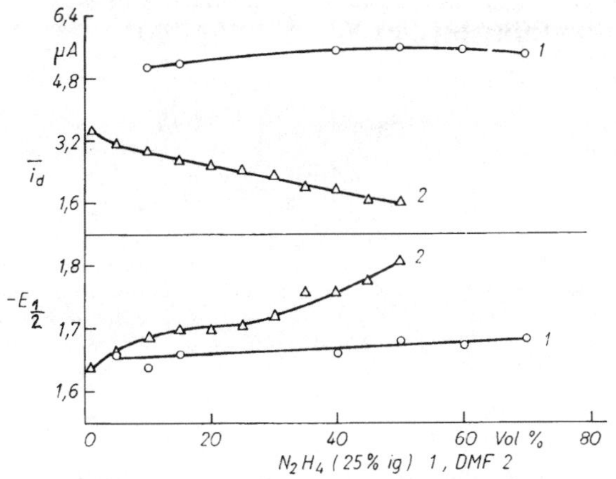

Bild 6. Beeinflussung des Halbstufenpotentials und des Diffusionsgrenzstromes der TDH-Reduktion durch Hydrazin (1) und Dimethylformamid (2)

$s_{10} = \pm 2\%$ PÄT bestimmen. Bei Material mit einem PÄT-Gehalt $< 100\%$ und optimaler Arbeitsweise läßt sich die Reproduzierbarkeit verbessern.

Im Gegensatz zu den p-Produkten wird das *m*-Produkt, das Isophthalsäuredihydrazid (IDH), im ausnutzbaren Potentialbereich zwischen Quecksilberauflösung und Abscheidung des Leitelektrolytkations nicht im stark alkalischen Medium reduziert. Hier treten nur in einem engen pH-Bereich von 6,8 bis 8,5 Reduktionsstufen auf.

Frau *Christa Gentner* danken wir für die sorgfältige Arbeit am Polarographen.

6. Literatur

[1] *Turian, J. U.*, und *Wachruschev, J. A.:* Polarographische Bestimmung von Terephthalsäure, p-Tolylcarbonsäure, der Nitroprodukte dieser Säuren, Dimethylterephthalat und Nitrodimethylterephthalat. Ž. anal. Chimii (Z. analyt. Chemie) **16** (1961) 4, S. 483—488.

[2] *Bezugli, V. D.*, und *Novik, E. J.:* Die polarographische Bestimmungsmethode für Terephthalsäure. Zavodsk. Labor., Moskva (Betriebslabor) **27** (1961) 5, S. 544—545.

[3] *Ryvolová, A.:* Polarographische Untersuchung von Phthalsäureestern. Chem. Listy, Praha (Chem. Bl.) **51** (1957) 6, S. 1201—1202.

[4] *Argova, T. V., Veševa, L. V.*, und *Reišachrit, L. S.:* Polarographische Bestimmung von Terephthalsäure- und Isophthalsäuredinitril. Vestnik Leningradskogo Univ. (Mitt. Leningrader Univ.) (1970) S. 157—159.

[5] *Frank, J.:* GBP 835456 (1956). Methode der Abtrennung von Terephthalsäure aus ihrer Mischung mit Isophthalsäure.

[6] *Beníšek, L.:* Polarographic determination of isophthalic acid in the prisma of terephthalic acid in polyester fibers. Textile Res. J. **32** (1962) 7, S. 539—548.

[7] *Dinse, H. D.*, und *Tuček, E.:* Gaschromatographische Bestimmung des Diäthylenglykolgehaltes in Polyäthylenterephthalat. Faserforsch. u. Textiltechnik **21** (1970) 5, S. 205—208.

[8] *Pfeifer, H.:* Über den Abbau von Polyesterfasern durch Hydrolyse und Aminolyse. Forschungsber. Land. Nordrheinwestfalen Nr. 1212 (1964).

[9] *Cheronis, N.:* Organic Functional Group Analysis. New York/London/Sydney: Wiley & Sons 1964, S. 409, 290.

[10] *Schlitt, L., Rink, M.*, und *von Stackelberg, M.:* Polarographische Untersuchung einiger arzneilich verwendeter Hydrazinderivate. J. electroanal. Chem. Amsterdam **13** (1967) 1/2, S. 10—20.

[11] *Offe, H. A., Siefken, W.*, und *Domagk, G.:* Hydrazinderivate und ihre tuberkulostatische Wirksamkeit. Z. Naturforsch. **7b** (1952) S. 446—462.

[12] *Takeuchi, T., Yokouchi, H.*, und *Onoda, K.:* Determination of nucleic hydrazide! II. Polarographic determination of nucleic hydrazide. Bunseki Kagaku **5** (1956) S. 399—403.

[13] *Lund, H.:* Polarographic and electropreparative reduction of 1(2H)-phthalazinones, 2,3-dihydro-1,4-phthalazinediones and related compounds. Coll. czechoslov. chem. Commun. **30** (1965) 12, S. 4237—4249.

[14] *Epstein, B.*, und *Kuwana, T.:* Electrooxidation of Phthalohydrazine. J. elektroanal. Chem., Amsterdam **13** (1967) S. 389—397.

[15] *Kitaev, U. P.*, und *Budnikov, G. K.:* Untersuchung einiger Benzhydrazide. Dokl. Akad. Nauk SSSR (Ber. Akad. Wiss. UdSSR) **154** (1964) S. 1379—1381.

[16] *Beilsteins Handbuch.* Berlin: Springer 1932. 4. Aufl., I, Bd. IX, S. 371.

[17] *Zahn, H.*, und *Krzikalla, R.:* Synthese von einheitlichen, linearen Oligoestern vom Poly-glykol-terephthalat-typ. Makromol. Chemie **93** (1957) S. 31—53.

[18] *Beilsteins Handbuch.* Berlin: Springer 1926. 4. Aufl. Bd. IX, S. 837.

[19] *Heyrovský, J.*, und *Kůta, J.:* Grundlagen der Polarographie. Berlin: Akademie-Verlag 1965.

Eingegangen am 17. August 1972

Beiträge zu Problemen der Prüfung der Thermostabilisierung von Polyamid 6

Werner Berger, Claus Otto, Klaus-Dieter Ahlers und Dieter Kuprat

Technische Universität Dresden, Sektion Chemie, und VEB Chemiefaserkombinat Schwarza „Wilhelm Pieck", Chemiefaserwerk Wilhelm-Pieck-Stadt Guben, Bereich F/E

DK 678.675'126:536.495:678.048:542.92:543.226

Ausgehend von allgemeinen Angaben zum Abbaumechanismus und zu Problemen der Thermostabilisierung von Polyamid 6 (PA 6) vergleichen die Autoren die Aussagekraft von dynamischer und isothermer Differentialthermoanalyse (DTA) und stellen sie der Temperungsmethode gegenüber. Die DTA-Verfahren sind als Schnellmethoden für das Auffinden geeigneter Thermostabilisatoren sehr gut geeignet, wobei die isotherme DTA eine stärkere Differenzierung zuläßt. Für Langzeituntersuchungen liefert eine Temperung der Proben mit anschließender physikalisch-chemischer Prüfung die praxisnaheste Aussage.

К вопросам контроля процесса термостабилизации полиамида-6

Исходя из общих данных о механизме деструкции и о проблемах, связанных с термостабилизацией полиамида-6, проведено сравнение результатов, полученных при применении динамического и изотермического дифференциально-термического анализа и метода отжига. Методы ДТА как экспресс-методы хорошо применимы для подбора подходящих термостабилизаторов, причем изотермический метод позволяет получить более дифференцированные результаты. В случае исследований с большой продолжительностью опытов отжиг образцов с последующим физико-химическим анализом дает результаты, наиболее соответствующие практическим условиям.

Contributions to the Problems of Testing the Thermal Stabilization of Polyamide 6

Proceeding from general informations about the mechanism of degradation and about problems of the thermal stabilization of polyamide 6 (PA 6), the authors are comparing the strength of statement of dynamic and isothermal differential thermal analysis (DTA) and oppose them to the tempering method. The DTA processes are very convenient as a quick process for finding out satisfactory thermal stabilizers, the isothermal DTA allowing a better differentiation. For long time investigations, tempering the samples with following physical-chemical test gives results nearest to practice.

1. Einleitung

Das Finden geeigneter Thermostabilisatoren für Polyamid-6-Faserstoffe wird gegenwärtig dadurch erschwert, daß die theoretischen Grundlagen des Abbau- und Stabilisierungsmechanismus noch nicht vorliegen und somit die Stabilisatoren weitestgehend empirisch ermittelt werden müssen. Dabei hat die Suche nach einer schnellen, praxisnahen Prüfmethode der thermostabilisierenden Wirkung von Zusätzen große Bedeutung erlangt.

Zeichnen sich die linearen Paraffine beim photo- bzw. thermooxydativen Abbau durch gleiche Reaktivität der Methylengruppen aus, so besitzen die Methylengruppen der Polyamide durch die Peptidgruppierungen unterschiedliche Elektronendichten und damit unterschiedliche Reaktivitäten. Der thermooxydative Abbau kann zwar noch nicht in seiner Komplexität voll beschrieben werden, jedoch haben Arbeiten in den letzten 10 Jahren erheblich zur Aufklärung des Abbaumechanismus beigetragen.

Sharkey und *Mochel* [1] wiesen an niedermolekularen Alkylamiden eindeutig nach, daß bei der Photooxydation die N-vicinale Methylengruppe bevorzugt angegriffen wird.

Sagar [2] konnte aus thermooxydierten Alkylamiden und *Rieche* und *Schön* [3] aus photooxydiertem Caprolactam N-vicinale Hydroperoxide isolieren.

Valk und *Krüssmann* [4] sowie *Levantovskaja* [5] und *Potemkina* u. a. [6] analysierten die Abbauprodukte von Polyamid. *Krüssmann* u. a. [7] konnten dabei die häufig diskutierte erhöhte Reaktivität der CO-vicinalen Methylengruppen experimentell nicht bestätigen.

Daraus wurde gefolgert, daß bei der Thermooxydation von Polycaprolactam ein statistischer Angriff auf alle CH_2-Gruppen mit Ausnahme der bevorzugt angegriffenen N-vicinalen Positionen erfolgt.

In einer weiteren Arbeit [8] wird bewiesen, daß die Reaktivität N-vicinaler Methylengruppen konformationsabhängig ist, wobei die Methylengruppen in Transkonformation wesentlich leichter oxydiert werden.

Somit kann die primäre Entfernung eines Wasserstoffatoms bevorzugt von der N-vicinalen Methylengruppe als erster Reaktionsschritt angenommen werden.

Die Vielzahl der Zersetzungsprodukte läßt sich aus dem radikalischen Ablauf der weiteren Reaktionen leicht erklären.

2. Auswahlkriterien für technisch anwendbare Thermostabilisatoren

Kann also eingeschätzt werden, daß Arbeiten zum Abbaumechanismus zwar noch nicht die Komplexität, wohl aber Reaktionsschritte schon umfassend beschreiben, so gilt dies nicht für den Stabilisierungsmechanismus. Noch heute ist der Mechanismus der Stabilisierung weitestgehend unbekannt, so daß die Eignung neuer Stabilisatoren nur durch empirischen Vergleich der Eigenschaften mit den bewährten beurteilt werden kann. Der Stabilisator muß vor allem die Peroxidbildung verhindern oder unterdrücken, ohne nachteilige Wirkungen im Fasermaterial auszulösen.

Der technologische Ablauf einer Polyamidseiden-Herstellung bietet eine Vielzahl von Möglichkeiten, unter ökonomischen Gesichtspunkten die Verbesserung der thermischen Eigenschaften des Finalproduktes zu erreichen. In Bild 1 sind die Stellen des Produktionsprozesses aufgeführt, an denen ein Zusatz des Thermostabilisators prinzipiell möglich ist. Jede dieser möglichen Dosierstellen stellt an den zu benutzenden Thermostabilisator eine Reihe spezieller technologischer Anforderungen, die nicht in jedem Falle von allen Thermostabilisatoren erfüllt werden können (Wasserdampfflüchtigkeit, Auswaschbarkeit, Verträglichkeit mit dem Polymeren, keine Beeinträchtigung der Spinn- und Recksicherheit u. a.).

So ist es erklärlich, daß durch Patentanmeldungen zahlreiche Verbindungen geschützt werden. Die Analyse in Bild 2 umfaßt ca. 900 ausgewertete Patente und weist aus, daß vor allem Kupferverbindungen in vielfacher Kombination vorwiegend in Verbindung mit Halogeniden angemeldet werden.

Berger, Otto, Ahlers und *Kuprat:* Beiträge zu Problemen der Prüfung der Thermostabilisierung von Polyamid 6

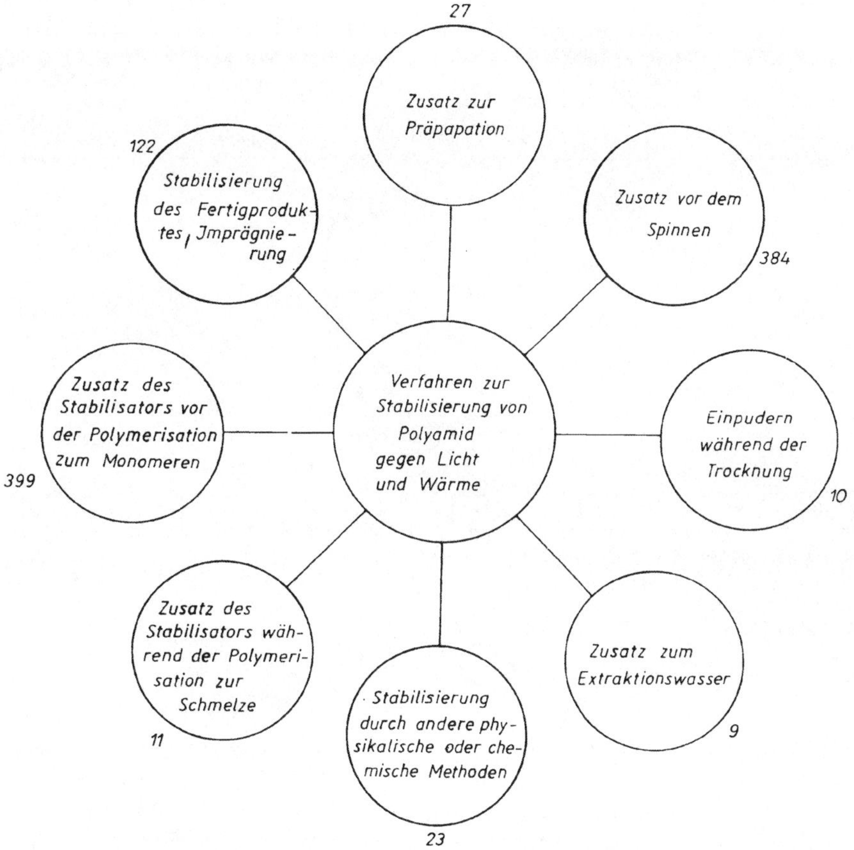

Bild 1. Möglichkeiten des technologischen Einsatzes des Thermostabilisators während des Herstellungsprozesses von Polyamidcord. Von 910 ausgewerteten Patenten ist die Verteilung des geschützten technologischen Einsatzes vermerkt.

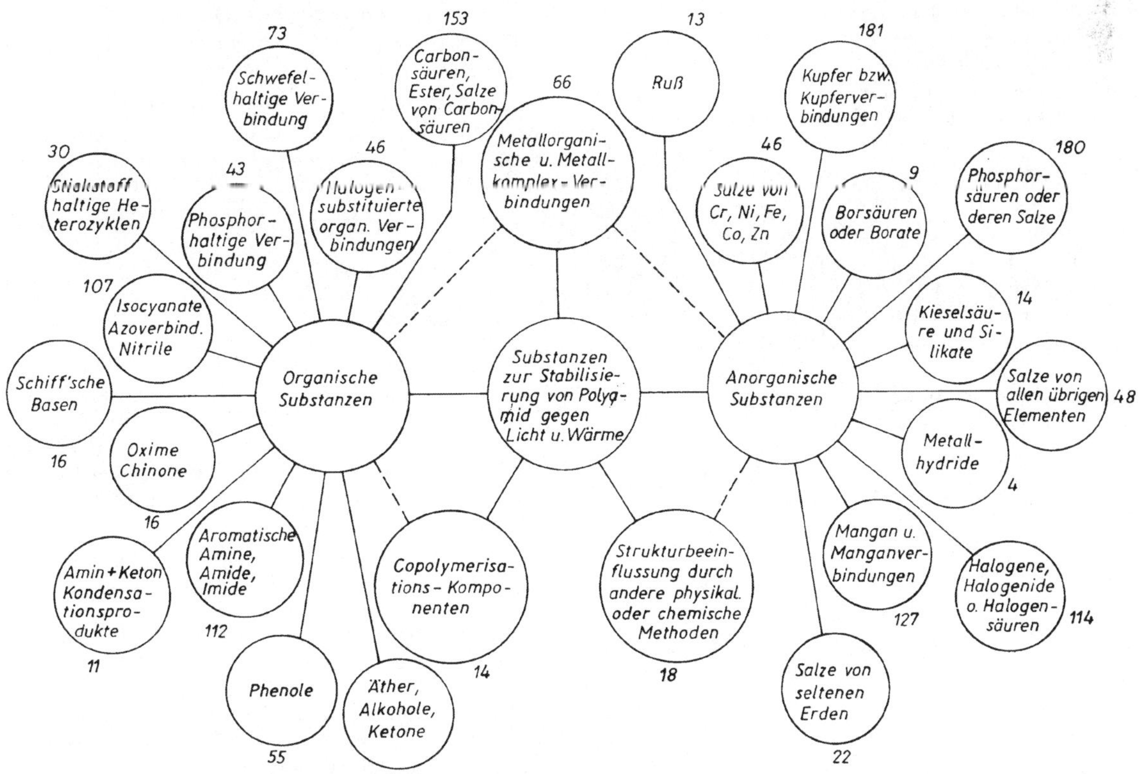

Bild 2. Patentrechtlich geschützte Thermo-(bzw. kombinierte Thermo- und Licht-)stabilisatoren Von 910 ausgewerteten Patenten ist die Verteilung der geschützten Verbindungsklassen vermerkt.

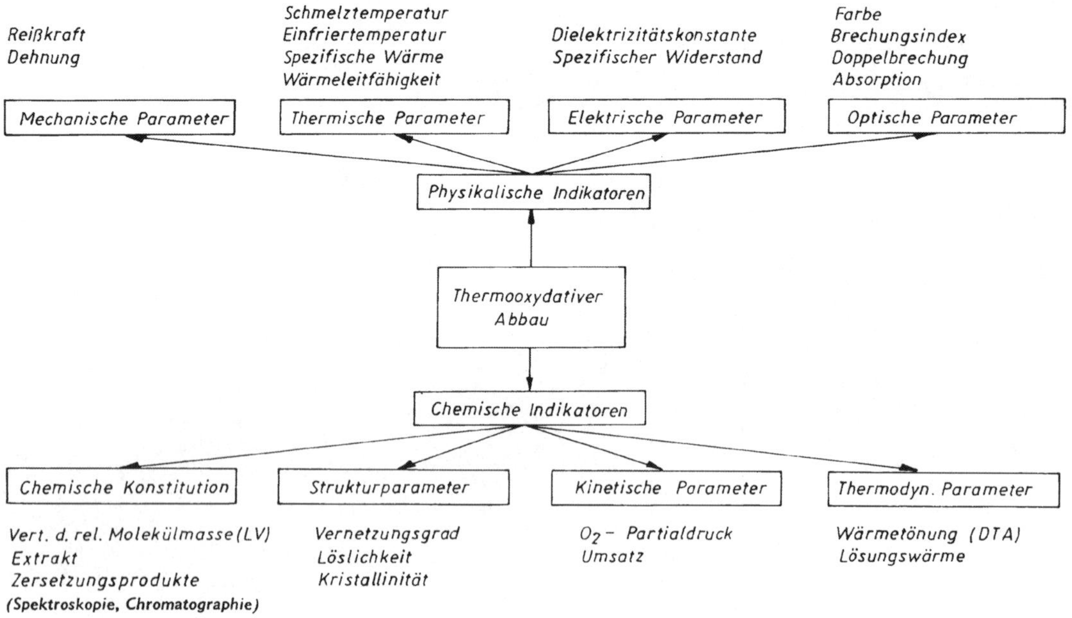

Bild 3. Indikatoren des thermooxydativen Abbaus von Polyamid 6

3. *Methoden zur Ermittlung und Beurteilung von Thermostabilisatoren*

Bei der Vielfalt obiger Verbindungen ist es verständlich, daß in vielen Arbeitsgruppen nach geeigneten Schnellmethoden gesucht wird, um die stabilisierende Wirkung eines Zusatzes zu erfassen. Darüber hinaus muß es mit Schnellmethoden möglich sein, quantitativ Unterschiede sowohl in der Wirksamkeit verschiedener Thermostabilisatoren als auch in Abhängigkeit von ihrer Konzentration praxisnahe festzustellen. Hierzu bieten sich Verfahren an, die auf Indikatoren des thermooxydativen Abbaus ansprechen.

Für die Verfolgung der Abbaureaktionen stehen zahlreiche Meßverfahren zur Verfügung:

1. Bestimmung der rel. Molekülmasse sowie der damit in Zusammenhang stehenden Eigenschaften (Lösungsviskosität, Schmelzeviskosität).
2. Spektrometrische Bestimmung der Abbauprodukte (z. B. von sauerstoffhaltigen Gruppen aus IR- und UV-Spektren).
3. Quantitative Ermittlung des chemischen Umsatzes (z. B. Messung der Sauerstoffabsorption bei Oxydationsreaktionen).

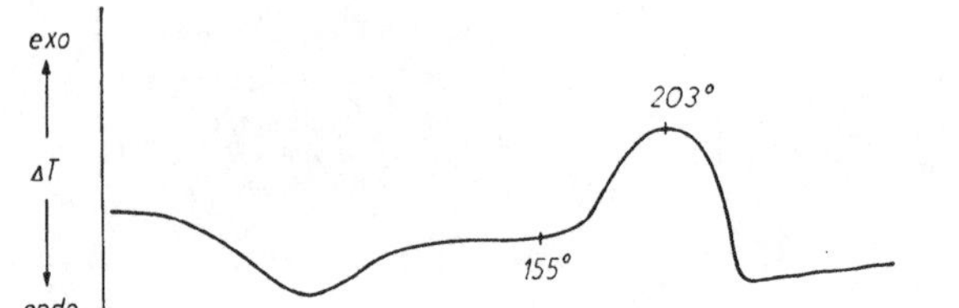

Bild 4. Thermogramm einer Polyamid-6-Probe 5,6 tex (9), Luft stationär, Einwaage 70 mg, Aufheizgeschwindigkeit 5,5 grd min^{-1}.

4. Messung charakteristischer mechanischer Eigenschaften (Reißfestigkeit, Dehnung).
5. Messung der Massenänderung beim thermischen Abbau (Thermogravimetrie).
6. Ermittlung der Zersetzungstemperatur durch DTA.
7. Messung des dielektrischen Verhaltens.
8. Beachtung von Verfärbungen.
9. Chromatographische Verfahren zur Identifizierung von Zersetzungsprodukten.

Die zum qualitativen und quantitativen Erkennen des thermooxydativen Abbaus benutzbaren physikalischen und chemischen Indikatoren sind in Anlehnung an *Kaufmann* [9] nochmals in Bild 3 übersichtlich dargestellt.

4. *Versuchsergebnisse und Diskussion*

4.1. *Einsatz der dynamischen DTA zum Auffinden von Thermostabilisatoren*

Die klassische Differentialthermoanalyse ist ein schnelles analytisches Verfahren, mit dessen Hilfe man wärmeenergetische Veränderungen der zu untersuchenden Probensubstanz in Abhängigkeit von der Temperatur verfolgen kann. Wie aus Bild 4 ersichtlich, ist bei geeigneter Versuchsdurchführung im Thermogramm einer PA-6-Probe ein exothermer Peak zu beobachten, der bei ca. 155 °C beginnt und sein Maximum bei ca. 203 °C hat. Dieser exotherme Vorgang wird einer partiellen Oxydation des Polyamid 6 zugeordnet. Über ein thermooxydative Untersuchungen an PA mittels der DTA sind nur wenige Arbeiten veröffentlicht worden [10 bis 13].

Wir benutzten den Beginn und die Intensität des im Thermogramm auftretenden Oxydationspeaks als ein relatives Maß für die Oxydationsanfälligkeit der mit Stabilisatoren behandelten PA-6-Materialien. Zur Erfüllung der Arbeitskonzeption wurde ein Eigenbaugerät [13]

Tabelle 1. Zuordnung der Oxydationsenthalpie von PA-6-Seide, die mit Metallionen imprägniert wurde

Metallion	Konzentration	Oxydations-beginn °C	Oxydations-maximum °C	Oxydations-enthalpie cal · g^{-1}	Peakhöhe mm	Schmelz-enthalpie cal · g^{-1}
$K^+JO_3^-$	0,1 n ungew.	198	203	0,44	1	10,03
	0,05n ,,	179	195	2,07	3	9,88
	0,01n ,,	179	200	3,11	3	9,78
	0,1 n gew.	175	200	25,01	23	kein $T_{schm.}$
	0,05n ,,	175	201	15,39	12	2,97
	0,01n ,,	175	200	14,95	12	1,56
$Ti^{3+} + Cl^-$	0,1 n ungew.	kein	Oxydations-Peak			kein $T_{schm.}$
	0,05n ,,	,,	,,			1,46
	0,01n ,,	,,	,,			2,45
	0,1 n gew.	,,	,,			5,18
	0,05n ,,	,,	,,			5,95
	0,01n ,,	,,	,,			6,02
$Ce^{4+} + SO_4^{2-}$	0,1 n ungew.	kein	Oxydations-Peak			7,39
	0,05n ,,	,,	,,			5,98
	0,01n ,,	,,	,,			5,27
	0,1 n gew.	190	207	0,78	5	kein $T_{schm.}$
	0,05n gew.	190	206	0,79	4	kein $T_{schm.}$
	0,01n gew.	189	206	0,78	5	kein $G_{schm.}$
$Cu^{2+} + SO_4^{2-}$	1n gew. und 0,1n ungew.	kein	Oxydations-Peak	—	0	16

entwickelt und eingesetzt, das simultan zwei Proben unter identischen Aufnahmebedingungen charakterisiert. Dabei setzten wir die DTA zur Überprüfung der Wirkung von Metallionen auf Polyamidseide ein. 1,5 g PA-6-Seide (4,4 tex (9)) wurden bei 80°C in 100 ml Lösung 1 h imprägniert. Die sich anschließende Wäsche der behandelten Proben erfolgte jeweils 3 × 1 min mit 100 ml Ionenaustauschwasser.

In Tabelle 1 sind einige Meßergebnisse dargestellt. Im ersten Beispiel der Tabelle 1 ist die relative Stabilisierung nicht durch das K^+ erreicht worden, sondern hier macht sich die Wirksamkeit des Anions (Jodat) bemerkbar. Die stabilisierende Wirkung von jodhaltigen Anionen wird hier bestätigt.

Andere wirksame anorganische Anionen wurden nicht ermittelt. Bei gezielter Einwirkung von Metallionen auf PA-6-Seiden und anschließender thermooxydativer Charakterisierung durch die DTA konnte festgestellt werden, daß die Wirkung der Metallsalze in jedem Falle von der Konzentration und der Natur des Kations in sehr komplexer Weise abhängt. Es scheint, daß stark polarisierend wirkende Kationen die Oxydationsneigung des PA 6 maßgeblich beeinflussen können. Unter den gewählten Versuchsbedingungen wirken Cu^{2+}, Ce^{3+}, Ce^{4+} und Ti^{3+} thermostabilisierend.

Die DTA eignet sich sehr gut zum Auffinden von Thermostabilisatoren. Ihre Aussagegrenzen sind erreicht, wenn im Thermogramm kein Oxydationspeak und ein der Schmelzenthalpie entsprechender Peak auftreten. Über das Ausmaß der Schädigung unter isothermen Bedingungen bei Langzeitbelastung kann die klassische DTA naturgemäß keine Auskunft geben.

4.2. Isotherme Differentialthermoanalyse

Es war naheliegend, das Prinzip der DTA auch für isotherme Oxydationsuntersuchungen einzusetzen, um erweiterte Aussagen zum Oxydationsverhalten bei definierten Temperaturen zu erhalten. Im Bild 5 ist die von uns gewählte Versuchsapparatur schematisch dargestellt.

Die durch einen Thermostaten (1) indirekt beheizte Meßzelle (2), in die die Meßpole der Thermoelemente mit den Probebehältern ragen, läßt sich bis 200°C regeln. Die Temperaturkonstanz im Temperaturbereich von 150 bis 200°C beträgt ±1 grd. Bis zum Erreichen der isothermen Reaktionstemperatur wird die Probe im Probenbehälter über die Begasungsvorrichtung mit Stickstoff begast. Nach Erreichen der Reaktionstemperatur wird anstelle des Stickstoffes Luft oder Sauerstoff definierter Strömungsgeschwindigkeit über die Probe geleitet. Die Probe reagiert mit dem Sauerstoff, und die Intensität der Wärmetönung läßt sich über ein registrierendes Galvanometer aufzeichnen. Es sei an

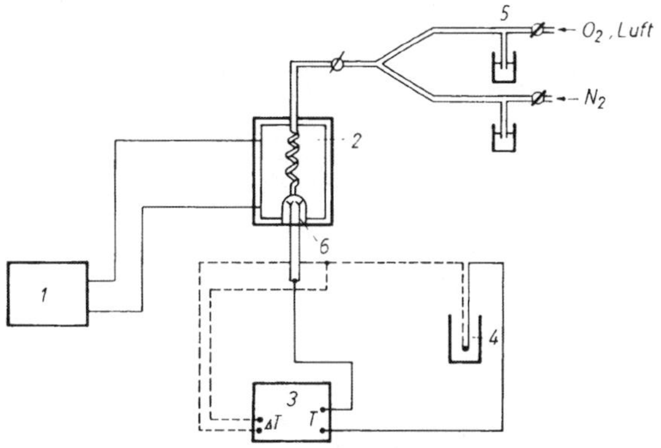

Bild 5. Schema einer Apparatur für isotherme DTA

1. Thermostat
2. Meßstelle
3. Galvanometer
4. *Dewar*gefäß
5. Begasungsvorrichtung
6. Probehalter

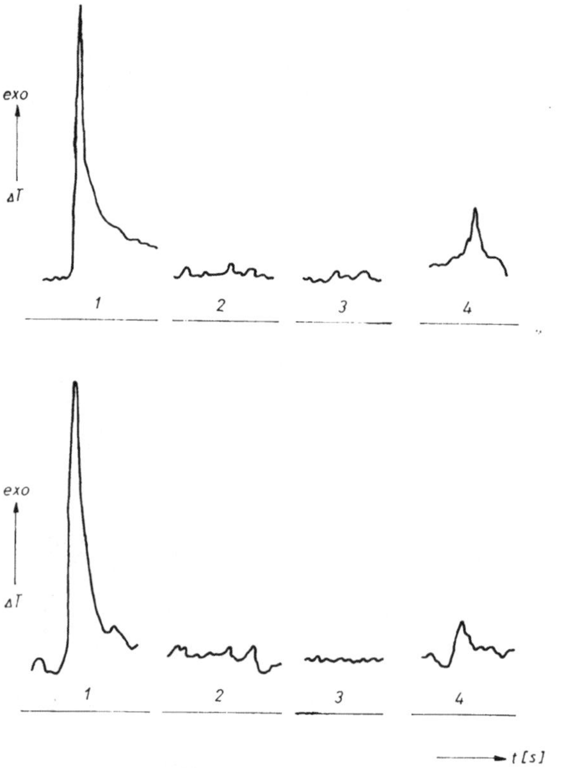

Bild 6. Thermogramm der isothermen DTA bei 197 °C
oben: unter Sauerstoff
1 PA 6 unstabilisiert, Einwaage 30 mg
2 PA 6 5×10^{-3} Masse-% Cu^{2+}, Einwaage 50 mg
3 PA 6 1×10^{-2} Masse-% Cu^{2+}, Einwaage 50 mg
4 PA 6 5×10^{-2} Masse-% Cu^{2+}, Einwaage 50 mg
unten: unter Luft
1 PA 6 unstabilisiert, Einwaage 30 mg
2 PA 6 5×10^{-3} Masse-% Cu^{2+}, Einwaage 50 mg
3 PA 6 1×10^{-2} Masse-% Cu^{2+}, Einwaage 50 mg
4 PA 6 5×10^{-2} Masse-% Cu^{2+}, Einwaage 50 mg

dieser Stelle noch darauf hingewiesen, daß man mittels einer derartigen Einrichtung wesentlich exaktere Aussagen zur Kinetik des Oxydationsvorganges bei Hochpolymeren erhält, als es bei der dynamischen DTA der Fall ist.

Bei vergleichenden Untersuchungen der isothermen DTA mit der dynamischen DTA, speziell bei der Problematik der thermooxydativen Schädigung, ist die Aussagekraft der isothermen DTA wesentlich größer. An thermostabilisierten Proben, die im klassischen Thermogramm keine Unterschiede im thermooxydativen Verhalten zeigen, gestattet die isotherme DTA noch eine signifikante Unterscheidung dieser dargestellten Proben.

In Bild 6 sind die unter Luft bzw. Sauerstoff isotherm angefertigten DTA-Aufnahmen in Abhängigkeit von der Stabilisatorkonzentration gegenübergestellt worden. Während die isotherme DTA bei den Proben mit $5 \cdot 10^{-3}$ und $1 \cdot 10^{-2}$ Masse-% Stabilisator, bezogen auf PA 6, im Thermogramm keine Unterschiede in der Thermooxydationsbeständigkeit erkennen läßt, wird für die Probe mit $5 \cdot 10^{-2}$ Masse-% Stabilisator eine gewisse Oxydationsanfälligkeit nachgewiesen. Die mit dem Thermostabilisator versehenen Proben zeigen im dynamischen DTA-Thermogramm keinen Oxydationspeak und ließen sich nicht unterscheiden (Bild 7 und Tabelle 1).

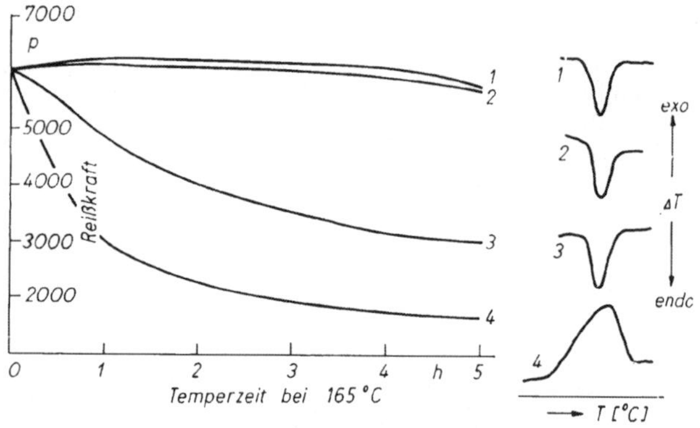

Bild 7. Gegenüberstellung der Aussagekraft von dynamischer DTA und Temperungsmethode
1 PA 6 mit Aminox NG (Produkt der Allied Chem. Corp.)
2 PA 6 mit Cu^{2+}
3 PA 6 mit Ti^{3+}
4 PA 6, unstabilisiert

Das Differenzierungsvermögen zwischen den drei thermostabilisierten Proben ist über eine Temperung der Proben und anschließenden Messung der Reißkraft bzw. Lösungsviskosität bestätigt worden.

Im allgemeinen kann die isotherme Methode durch die Methode der Messung der Festigkeit oder Lösungsviskosität nach isothermer Belastung ergänzt werden. Letztere Methode ist sehr arbeitsaufwendig, liefert aber über den Festigkeitsverlust die praxisnahesten Aussagen. Derartige Aufwendungen sind aus der Sicht des rationellen Arbeitens erst sinnvoll, wenn über die dynamische bzw. isotherme DTA als Schnellmethoden wirksame Thermostabilisatoren bereits gefunden worden sind und Aussagen zur Langzeitkonstanz der thermostabilisierenden Wirkung gefordert werden.

4.3. Langzeituntersuchungen an thermostabilisierten PA-6-Materialien

Um die Komplexität der Schädigung an thermisch länger belasteten PA-6-Materialien zu erfassen, dienten uns nach erfolgter Temperung mechanische Parameter und die Messung der chemischen Konstitution als geeignete Indikatoren. Neben der Überprüfung wichtiger Eigenschaften des Stabilisators, die den technologischen Einsatz betreffen, sind als Kriterium der Thermostabilität die Änderung der Lösungsviskosität und der Reißfestigkeit herangezogen worden. Ähnliche Untersuchungsmethoden wurden bereits mit Erfolg angewendet und publiziert [14]. Diese Untersuchungen beziehen sich hauptsächlich auf die thermostabilisierende Wirkung von Aminen. Die dort ausgewählten Thermostabilisatoren bereiten aber bei der großtechnischen Anwendung erhebliche Schwierigkeiten.

Zur Temperung gelangte Seide, die mit handelsüblichen bzw. entwickelten Stabilisatoren versehen war. Das Einbringen des Thermostabilisators erfolgte durch Einpolymerisieren im Autoklaven bzw. Aufziehen des Stabilisators auf das Granulat und anschließendes Spinnen und Recken.

Um das Temperverhalten der Seiden zu prüfen, wurde diese im Wärmeschrank zwischen 120 und 200 °C in Luft während 1 bis 168 h getempert. Aus den gewonnenen Erfahrungen und in Übereinstimmung mit der TGL wählten wir als optimale Temperungstemperatur

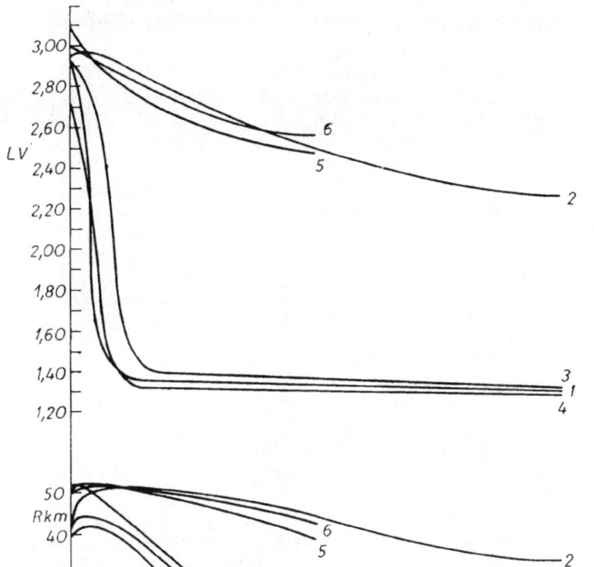

Bild 8. Verlauf der Festigkeit und Lösungsviskosität bei Temperungen von PA 6
Temperatur: 165 °C, unter Luft
1 PA 6 + 0,5% Tinuvin (Produkt Geigy, Ciba, Basel)
2 PA 6 + 0,2% Tinuvin + 0,5% Aminox
3 PA 6 + 0,2% Tinuvin
4 PA 6 + unstabilisiert
5 PA 6 + 0,8% Inganox + 0,2% Tinuvin
6 PA 6 + 0,8% Inganox (Produkt Geigy, Ciba, Basel)

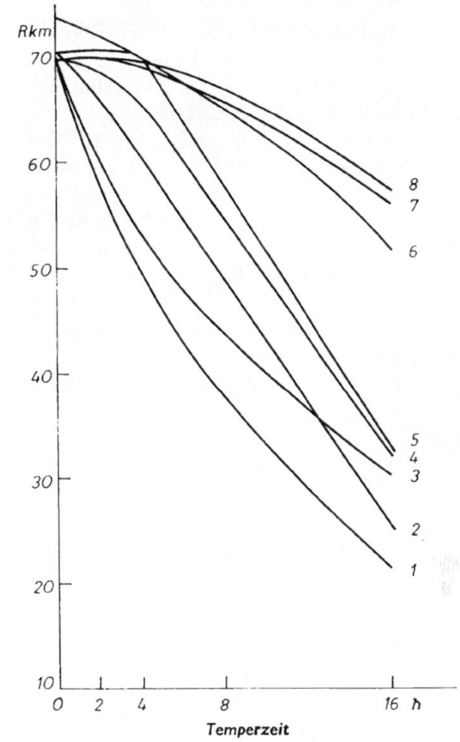

Bild 10. Verlauf der Festigkeit von PA 6 mit unterschiedlichem Gehalt an Thermostabilisator bei der Temperung
1 PA 6 + 0,08% Aminox NG
2 PA 6 + 0,17% ,,
3 PA 6 + 0,15% ,,
4 PA 6 + 0,23% ,,
5 PA 6 + 0,23% ,,
6 PA 6 + 0,30% ,,
7 PA 6 + 0,51% ,,
8 PA 6 + 1,09% ,,

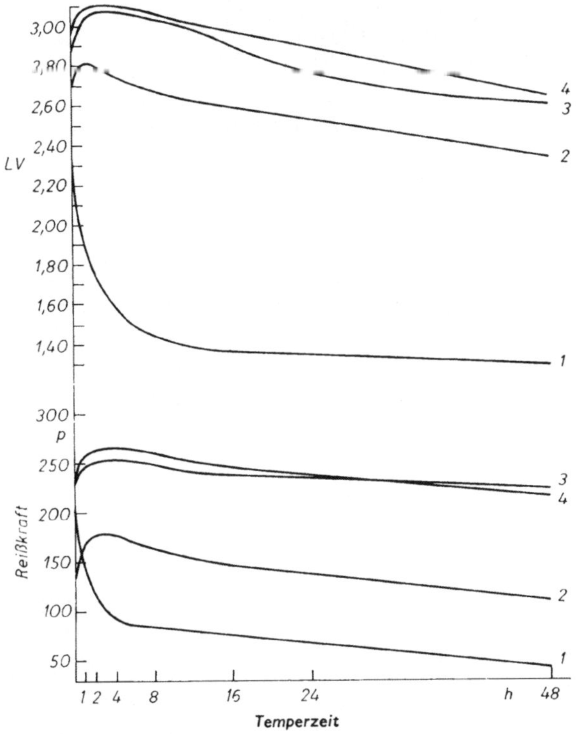

165 °C und erstreckten die Wärmebehandlung von 30 min bis auf 48 h. Die Testergebnisse lieferten uns erwartungsgemäß Hinweise, daß zur Beurteilung der Thermostabilität von Seiden die Reißfestigkeits- und die Lösungsviskositätskurve die praxisnaheste Aussage besitzen.

Besonders eindrucksvoll ist bei der Temperungsmethode das Differenzierungsvermögen zwischen Proben, die bei der dynamischen DTA keine wesentlichen Unterschiede aufweisen. So haben in Bild 7 die Proben, die mit einer Kupferverbindung, Aminox bzw. Ti^{3+} stabilisiert sind, die gleichen Schmelzenthalpien. Bei der Temperungsmethode zeigt sich aber, daß nur mit Aminox bzw. Kupfer stabilisierte Seide gleiche Reißfestigkeiten aufweisen, während die mit Ti^{3+} stabilisierte Seide bereits stark abfällt, wobei die Induktionsperiode im Gegensatz zur unstabilisierten Seide ausgeprägt ist. Es wird also hier wieder bestätigt, daß die DTA keine Auskünfte über das thermische Verhalten der Seiden bei höchster Belastung geben kann.

Bild 9. Verlauf der Festigkeit und Lösungsviskosität bei Temperungen von PA 6
Temperatur: 165 °C, unter Luft
1 PA 6 unstabilisiert
2 PA 6 + 5 · 10^{-2}Masse-% Cu^{2+}
3 PA 6 + 1 · 10^{-2}Masse-% Cu^{2+}
4 PA 6 + 5 · 10^{-3}Masse-% Cu^{2+}

In den Bildern 8 und 9 ist das Temperungsverhalten von Polyamid dargestellt, das mit Tinuvin, Irganox, Aminox und einer Kupferverbindung stabilisiert wurde. Aus beiden Bildern erkennt man Korrelationen zwischen LV-Abbau und Festigkeitsverhalten.

Auch zur Einstellung der optimalen Konzentration des Thermostabilisators besitzt die Temperungsmethode eine hohe Aussagekraft. Während im Bereich von 0 bis 0,25% Aminox im Polyamid kein hoher Stabilisierungseffekt eintritt, ist er oberhalb von 0,25% deutlich ausgeprägt und strebt bei 0,50% einem Grenzwert zu (Bild 10).

Die Aussagen der Bilder 6 und 9 beziehen sich auf identische Materialien und weisen auf ein vergleichsweises Differenzierungsvermögen beider Methoden. Die Arbeiten über die Korrelationen beider Methoden werden fortgeführt.

5. *Zusammenfassung*

Die dynamische DTA eignet sich sehr gut als Schnellmethode zum Auffinden von Thermostabilisatoren. Erhält man Thermogramme, die gleiches Verhalten aufweisen, so lassen sich mit der isothermen DTA Differenzierungen nachweisen.

Die beiden Methoden sind mit der Auswahl von Thermostabilisatoren erschöpft. Durch die Anwendung der Temperungsmethode wird die differenzierteste Aussage erhalten. Die Methode ist ökonomisch aufwendiger, besitzt aber volle Berechtigung, wenn durch Schnellmethoden bereits eine Vorauswahl erfolgte.

Durch die Temperungsmethode erhält man gleichzeitig eine praxisnahe Aussage.

Die Anwendung eines Thermostabilisators in der Großproduktion gilt aber erst dann als risikoarm, wenn der Stabilisator auch alle technologischen Forderungen erfüllt und im Kleinmaßstab erfolgreich ausgetestet wurde.

Literatur

[1] *Sharkey, W. H.*, und *Mochel, W. E.:* Mechanism of the photooxidation of amides. J. amer. chem. Soc. **81** (1959) S. 3000—3005.

[2] *Sagar, B. F.:* Oxidation von N-alkylamiden. Teil II. Teil III. J. chem. Soc., London B (1967) S. 428—439. S. 1047—1061

[3] *Rieche, A.*, und *Schön, W.:* Luftoxydation von ε-Caprolactam und thermische Umwandlung der Oxydationsprodukte. Kunststoffe **57** (1967) 1, S. 49—52; vgl. *Schön, W.:* Dissertation Jena 1964.

[4] *Valk, G., Krüßmann, H.*, und *Diehl, P.:* Über den Licht- und Hitzeabbau faseraufbauender Hochpolymerer. I. Makromol. Chemie **107** (1967) S. 158—169.

[5] *Levantovskaja, I. I., Kovarskaja, B. M., Draljuk, G. U.*, und *Nejman, M. B.:* Mechanismus des thermooxydativen Abbaues von Polyamiden. Vysokomol Soed. (Hochmol. Verbind.) **6** (1964) 10, S. 1885—1890; dt. in: Sowj. Beitr. Faserforsch. Textiltechnik **2** (1965) 1, S. 17—20.

[6] *Potemkina, Z. J., Tokareva, L. G., Anan'era, L. I.*, und *Michajlov, N. V.:* Studium des Alterungsmechanismus von Polycaproamid bei der Thermooxydation. Chim. Volokna (Chem. Fasern) (1969) 1, S. 32—36; dt. in: Sow. Beitr. Faserforsch. Textiltechnik **6** (1969) 6, S. 290 bis 294.

[7] *Valk, G., Krüßmann, H., Dugal, S.*, und *Gentzsch, Ch.:* Nachweis von ε-Aminocarbonsäuren und Karbonylverbindungen in thermooxidativ abgebautem Polykaproamid. Angew. makromol. Chemie **10** (1970) S. 127 bis 133.

[8] *Valk, G., Heidemann, G., Dugal, S.*, und *Krüßmann, H.:* Konformationsabhängigkeit der Reaktivität N-vicinaler Methylengruppen in Polyamid. Angew. makromol. Chemie **10** (1970) S. 135—142.

[9] *Kaufmann, S.:* Physikalische Probleme bei der Einwirkung ultravioletter und sichtbarer Strahlung auf synthetische Faserstoffe. Faserforsch. u. Textiltechnik **22** (1971) 3, S. 120—129.

[10] *Berger, W.*, und *Otto, C.:* Zum Einfluß des Eisen(III)-chlorides auf das Oxydationsverhalten von Polyamid 6. Faserforsch. u. Textiltechnik **22** (1971) 10, S. 482 bis 486.

[11] *v. Hornuff, G.*, und *Jacobasch, H.-J.:* Zur Anwendung der Differential-Thermoanalyse in der Textilchemie. I. Faserforsch. u. Textiltechnik **18** (1967) 5, S. 227—236.

[12] *v. Hornuff, G.*, und *Schäfer, R.:* Beiträge zur Differentialthermoanalyse in der Textilchemie — Prinzip der DTA. Dt. Textiltechnik **18** (1968) 1/2, S. 110—113.

[13] *Otto, C.:* Untersuchungen zum thermooxydativen Verhalten von Polyäthylenterephthalat und Polyamid 6 mittels der Differentialthermoanalyse. Dissertation TU Dresden — Sektion Chemie 1971.

[14] *Tokareva, L. G., Michajlov, N. V., Potemkina, Z. J.*, und *Kovaleva, M. V.:* Untersuchungen auf dem Gebiet der Stabilisierung von Polyamidfasern. Chim. Volokna (Chem. Fasern) **3** (1961) 3, S. 15—21.

Eingegangen am 17. August 1972

Dautzenberg: Zur Berücksichtigung des Fluoreszenzlichtes bei Streulichtmessungen

Zur Berücksichtigung des Fluoreszenzlichtes bei Streulichtmessungen

Herbert Dautzenberg

Akademie der Wissenschaften der DDR, Institut für Polymerenchemie in Teltow-Seehof, Abteilung Physik

DK 678.745.32:54—145:535.36.08:535.371

Zur Berücksichtigung des Fluoreszenzlichtes bei Streulichtmessungen wird ein Verfahren vorgeschlagen, das auf der unterschiedlichen Winkel- und Konzentrationsabhängigkeit des Streu- und Fluoreszenzlichtes beruht. Die Zuverlässigkeit des Verfahrens wurde an hitzegeschädigten Polyacrylnitrillösungen getestet.

Об учете флуоресцентного света при измерениях светорассеяния

Для учета света флуоресценции при измерениях светосрассеяния предлагается метод, основанный на различной угловой и концентрационной зависимости рассеяного света и света флуоресценции. Надежность метода проверялась на примере растворов полиакрилонитрила, подвергнутых воздействию повышенной температуры.

Considering the Fluorescence Light during Light Scattering Measurements

To consider the fluorescence light during light scattering measurements a method is proposed based on the different angular and concentration dependence of the scattered and fluorescence light. The reliability of the method was tested at heat-damaged solutions of polyacrylonitrile.

1. *Einleitung*

Häufig tritt bei Polymerlösungen eine im Vergleich zur Streuintensität nicht zu vernachlässigende Fluoreszenz auf, die bei Nichtberücksichtigung zu einer erheblichen Verfälschung der ermittelten Werte für die rel. Molekülmasse, die Moleküldimensionen und den zweiten Virialkoeffizienten führt. Der Fluoreszenzanteil läßt sich durch Arbeiten mit möglichst langwelligem Licht und Interferenzfiltern zwar stark herabsetzen, aber nicht vollständig unterdrücken. Die Abschätzung des Fluoreszenzlichtes erfolgte bisher aus dem Depolarisationsgrad der gemessenen Intensität nach der von *Brice, Nutting* und *Halwer* [1] abgeleiteten Korrekturformel. Wir möchten hier ein Verfahren vorschlagen, nach dem man ohne Depolarisationsmessungen den Fluoreszenzanteil direkt aus dem durch die Fluoreszenz verfälschten Streukurvenverlauf ermitteln kann.

2. *Berechnung des Fluoreszenzlichtes aus den Streukurven bei unterschiedlicher Konzentration*

Unsere Überlegungen beruhen darauf, daß das Fluoreszenzlicht einerseits weitgehend unpolarisiert ist und damit eine andere Winkelabhängigkeit und andererseits im allgemeinen auch eine andere Konzentrationsabhängigkeit besitzt als das Streulicht. Für verdünnte Systeme ist die Fluoreszenzintensität I_F proportional zur Konzentration der Fluoreszenzzentren, d. h. proportional zur Polymerkonzentration:

$$I_F = I_{F0} \cdot c. \tag{1}$$

Für die Streuintensität einer Polymerlösung gilt [2]

$$I_S = K[M P(\vartheta)\, c - 2 A_2 c^2 + \ldots] \tag{2}$$

bzw.

$$\frac{K \cdot c}{I_S} = \frac{1}{M} P(\vartheta)^{-1} + 2 A_2 c + \cdots \tag{3}$$

Die Streuintensität nimmt somit für Lösungen mit $A_2 > 0$ schwächer als proportional zur Konzentration zu. In diesem Fall prägt sich der Einfluß des Fluoreszenzlichtes bei höheren Konzentrationen stärker aus.

Setzt man voraus, daß das Fluoreszenzlicht unpolarisiert ist, so wird die Winkelabhängigkeit durch den Volumenfaktor $\sin\vartheta$ gegeben, während für das Streulicht bei unpolarisiertem einfallendem Licht gilt:

$$I_S = I_{S\text{gem.}} \cdot \frac{\sin\vartheta}{1 + \cos^2\vartheta}. \tag{4}$$

Wertet man die Streulichtmessungen an fluoreszierenden Lösungen in der üblichen *Zimm*-Auftragung aus, so trägt man die Werte

$$\frac{K \cdot c}{I} = \frac{K \cdot c}{I_{\text{gem}} \cdot \dfrac{\sin\vartheta}{1 + \cos^2\vartheta}} = \frac{K \cdot c}{I_{S\text{gem}} \cdot \dfrac{\sin\vartheta}{1 + \cos^2\vartheta} + I_{F\text{gem}} \cdot \dfrac{\sin\vartheta}{1 + \cos^2\vartheta}} = \frac{K \cdot c}{I_S + \dfrac{I_F}{1 + \cos^2}} \tag{5}$$

auf, (I_{gem} — gemessene Intensität, die sich aus dem Streuanteil $I_{S\text{gem}}$ und dem Fluoreszenzanteil $I_{F\text{gem}}$ zusammensetzt), d. h., die Verfälschung durch das Fluoreszenzlicht wirkt sich bei $\vartheta = 90°$ doppelt so stark aus wie bei $\vartheta = 0°$. Würde man die wahre Form der Streukurve kennen, so könnte man für jede Konzentration getrennt den Fluoreszenzanteil abschätzen. Da die Streukurven im allgemeinen nicht geradlinig verlaufen, sondern infolge der Polydispersität der Proben mehr oder weniger stark gekrümmt sind, ist dies nicht möglich. Setzt man jedoch voraus, daß die Streukurven in dem untersuchten Konzentrationsbereich parallel zueinander verlaufen, was bei niedrigen Konzentrationen sehr gut erfüllt ist, so läßt sich I_F aus der Bedingung bestimmen:

$$\frac{K \cdot c'}{I'_{S_{90}}} - \frac{K \cdot c'}{I'_{S_0}} = \frac{K \cdot c''}{I''_{S_{90}}} - \frac{K \cdot c''}{I''_{S_0}}. \tag{6}$$

Nun gilt:

$$I_S = I - \frac{I_F}{1 + \cos^2\vartheta}. \tag{7}$$

Damit erhält man aus Gleichung (6)

$$\frac{c'}{I'_{90} - I_{F_0}c'} - \frac{c'}{I_0' - \frac{I_{F_0}c'}{2}} = \frac{c''}{I''_{90} - I_{F_0}c''} - \frac{c''}{I_0'' - \frac{I_{F_0}c''}{2}}. \tag{8}$$

Führt man die Bezeichnungen $\frac{c''}{c'} = x$ und $I_{F_0}c' = I'_F$ ein, so läßt sich (8) in der Form

$$\frac{1}{I'_{90} - I_F'} - \frac{1}{I_0' - \frac{I_F'}{2}} = x\frac{1}{I''_{90} - I_F'x} - \frac{1}{I_0'' - \frac{I_F' \cdot x}{2}} \tag{9}$$

schreiben. Daraus ergibt sich durch Umformung für I_F' die quadratische Gleichung

$$AI_F'^2 + BI_F' + C = 0 \tag{10}$$

mit

$$A = \frac{x}{2}\left[x\left((2I_0' - \frac{1}{2}I'_{90}\right) - 2I_0'' + \frac{1}{2}I''_{90}\right], \tag{10a}$$

$$B = \frac{1}{2}(I''_{90}I_0'' - x^2 I'_{90} \cdot I_0') + 3x(I'_{90}I_0'' - I''_{90}I_0'), \tag{10b}$$

$$C = (I_0' - I'_{90}) I''_{90}I_0'' - x(I_0'' - I''_{90}) I'_{90}I_0'. \tag{10c}$$

Die Auswertung von Gleichung (10) erfordert bei Anwendung eines Tischrechners (z. B. Hewlett-Packard) sehr wenig Aufwand.

3. *Experimentelle Ergebnisse an fluoreszierenden Polyacrylnitrillösungen*

Zur Testung des Verfahrens untersuchten wir unterschiedlich stark fluoreszierende Polyacrylnitrilproben. Um einen möglichst weitgehenden Vergleich ziehen zu können, gingen wir von einer schonend hergestellten PVY-Probe (niedrige Trockentemperaturen des Polymerisates) aus, die sehr schwach gefärbte Lösungen in Dimethylformamid (DMF) ergab. Dann haben wir die Probe, einerseits als Substanz und andererseits in Lösung, unterschiedlich stark getempert. Das PVY-Pulver wurde 2 h bei 70 °C (P 1) bzw. 2 h bei 140 °C (P 2) getempert. Die bei 70 °C getemperte Probe zeigte die gleiche Streuintensität wie die Ausgangsprobe, während die Lösungen der anderen Probe deutlich gelb gefärbt waren. Ein stärkeres Tempern des PVY-Pulvers führte zu vernetzten, unlöslichen Produkten. Um noch stärker gefärbte Lösungen zu erhalten, wurden deshalb 0,3%ige (0,3 g/100 ml) Stammlösungen 3h bei 110 (P 3) bzw. 130 °C (P 4) getempert. Die bei 130 °C getemperte Probe zeigt eine sehr intensive Gelbfärbung und hat bei 546 nm eine Extinktionskonstante von 0,015 (c in g/l, d in cm).

Aus den 0,3%igen Stammlösungen wurden Verdünnungsreihen hergestellt, die zur Reinigung von Staub 2h bei 15000 U/min zentrifugiert (Zentrifuge T 24 von *Janetzki*) wurden.

Die Streulichtmessungen erfolgten mit dem Streulichtphotometer Sofica bei 546 nm mit und ohne Interferenzfilter im Streustrahl. Die Meßwerte registrierten wir in Schritten von 5°, um die Kurvenform genau zu erfassen. Die Küvetten wurden während der Messungen auf 20,0 °C ± 0,2 grd temperiert. Für das Brechungsinkrement verwendeten wir den mit einem *Brice/Phönix*-Differentialrefraktometer gemessenen Wert $\frac{\partial n}{\partial c} = 0{,}087$ cm³/g, der gut mit Literaturwerten übereinstimmt (z. B. [3, 4]).

Die Meßergebnisse wurden zunächst ohne Berücksichtigung des Fluoreszenzanteils in Form von *Zimm*-Diagrammen aufgetragen. Dabei ergaben sich, wie zu erwarten, mit zunehmender Färbung der Lösungen stärker verzerrte Diagramme. Es zeigte sich, daß auch bei Ein-

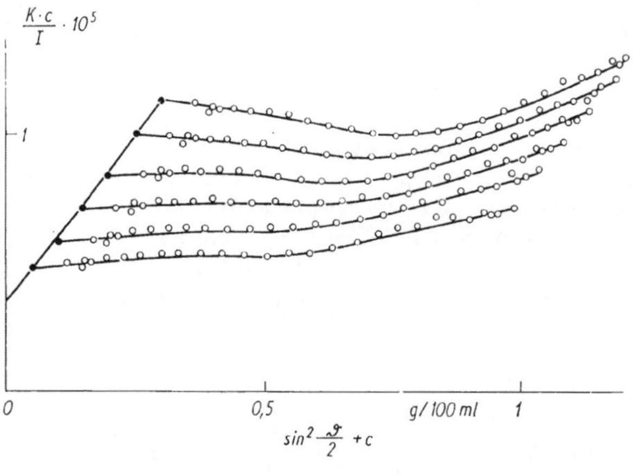

Bild 1. *Zimm*-Diagramm der Probe P 3, ohne Interferenzfilter im Streustrahl

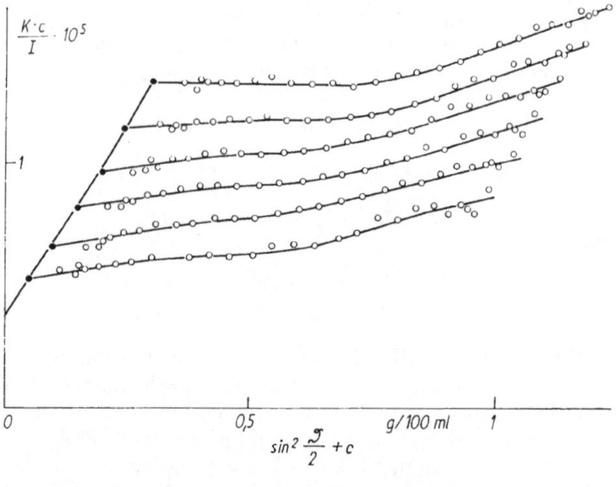

Bild 2. *Zimm*-Diagramm der Probe P 3, mit Interferenzfilter im Streustrahl

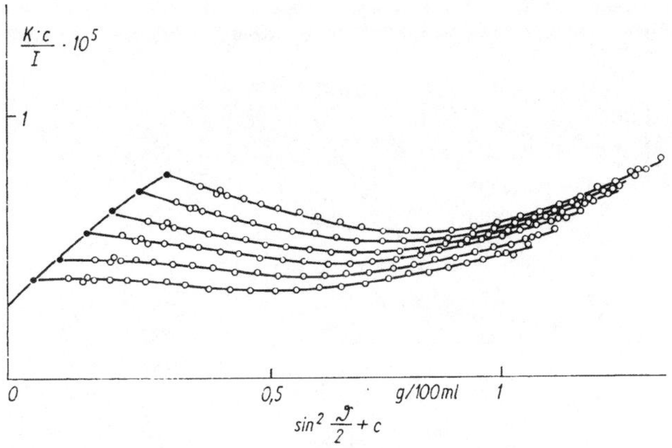

Bild 3. *Zimm*-Diagramm der Probe P4, ohne Interferenzfilter im Streustrahl

Tabelle 1. Fluoreszenzlicht, berechnet nach Gleichung (10)

Probe	I_{F_0}* mit Interferenzfilter im Streustrahl	I_{F_0} ohne Interferenzfilter im Streustrahl
P1	0,005	0,018
P2	0,026	0,073
P3	0,05	0,15
P4	0,17	0,42

* In Einheiten R_{Benzol}

bringen eines zusätzlichen Interferenzfilters in den Streustrahl eine deutliche Verfälschung der Streukurven durch den verbleibenden Fluoreszenzanteil auftritt. Zur Illustration geben wir die an den stärker hitzegeschädigten Proben P3 und P4 erhaltenen Ergebnisse in den Bildern 1 bis 4 an. Bei der Probe P4 wurde die Absorption durch entsprechende Korrektur berücksichtigt.

Aus den Werten $\dfrac{K \cdot c}{I_0}$ und $\dfrac{K \cdot c}{I_{90}}$ bei $c = 0{,}05$

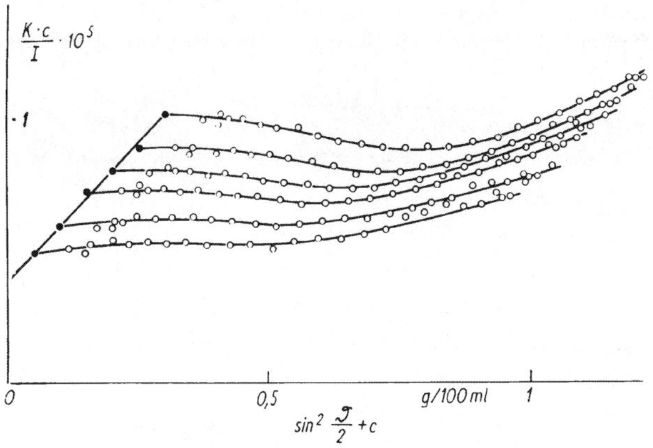

Bild 4. *Zimm*-Diagramm der Probe P4, mit Interferenzfilter im Streustrahl

bzw. 0,3% wurde für alle Proben der Fluoreszenzanteil nach Gleichung (10) berechnet. Die Ergebnisse sind in Tabelle 1 zusammengestellt. Wie man aus der Tabelle ersieht, wird das Fluoreszenzlicht durch Einbringen eines Interferenzfilters in den Streustrahl etwa auf 1/3 reduziert. Korrigiert man mit den für den Fluoreszenzanteil berechneten Werten die gemessenen Streuintensitäten, so erhält man für die Proben P1 bis P3 unverzerrte *Zimm*-Diagramme, wobei die Ergebnisse für die Streukurven mit und ohne Interferenzfilter im Streustrahl innerhalb der Meßgenauigkeit übereinstimmen (s. als Beispiel Bild 5 und 6). Bei der Probe P4 weichen die beiden *Zimm*-Diagramme voneinander ab (Bild 7 und 8). Die Kurven in Bild 7 (ohne Interferenzfilter) verlaufen offensichtlich zu flach, was auf zu niedrige Werte für das Fluoreszenzlicht zurückgeführt werden kann. Darauf deutet auch die Tatsache hin, daß das ohne Interferenzfilter ermittelte Fluoreszenzlicht für diese Probe im Vergleich zu dem Wert mit Interferenzfilter und dem Verhältnis dieser Werte bei den anderen Proben zu niedrig liegt. Es war zu vermuten, daß bei dieser sehr stark fluoreszierenden Probe das Fluoreszenzlicht infolge

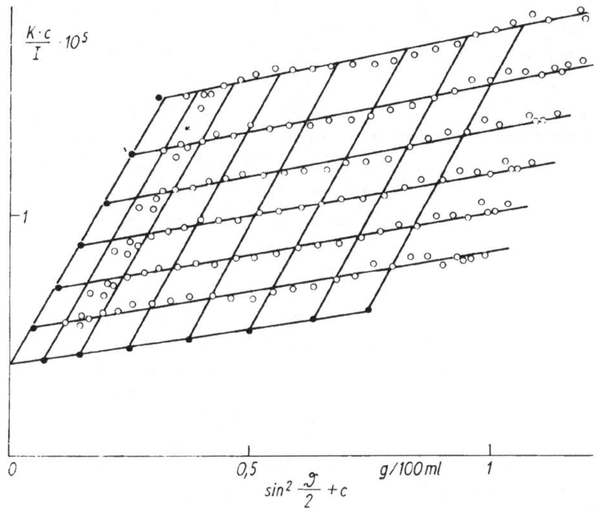

Bild 5. *Zimm*-Diagramm der Probe P3 nach Fluoreszenzkorrektur (ohne Interferenzfilter im Streustrahl)

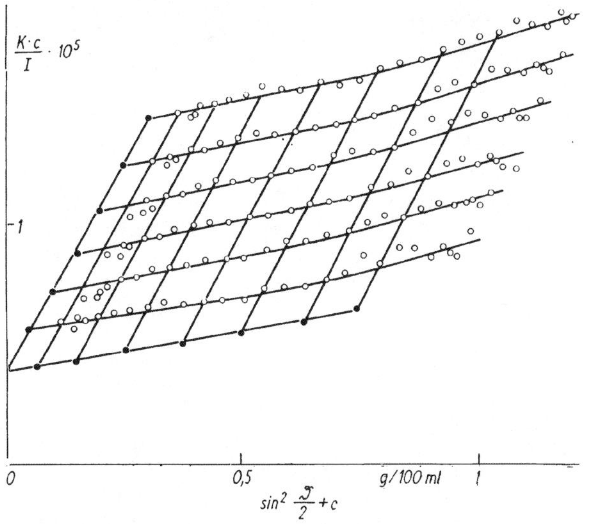

Bild 6. *Zimm*-Diagramm der Probe P3 nach Fluoreszenzkorrektur (mit Interferenzfilter im Streustrahl)

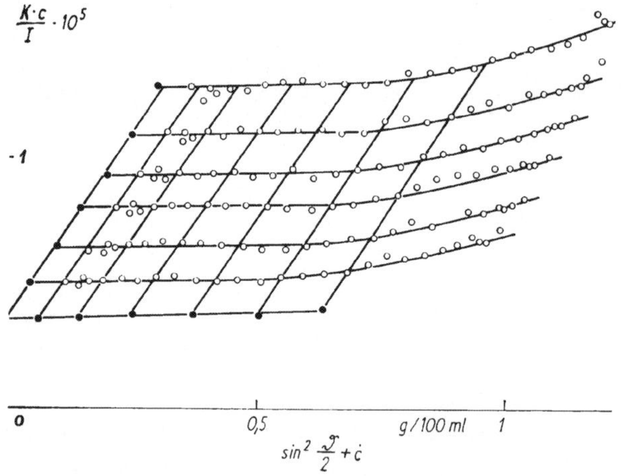

Bild 7. *Zimm*-Diagramm der Probe P4 nach Fluoreszenzkorrektur (ohne Interferenzfilter im Streustrahl)

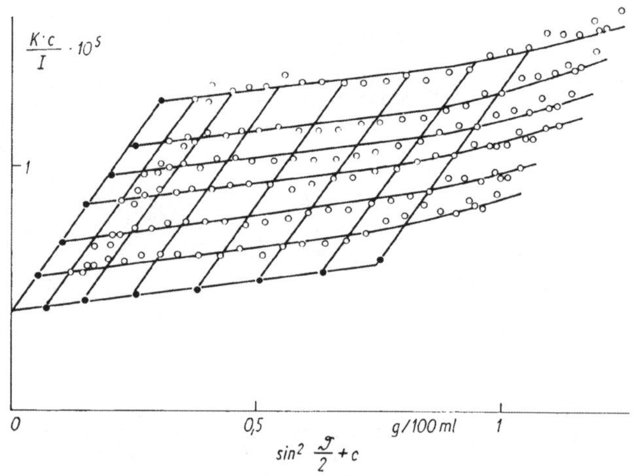

Bild 8. *Zimm*-Diagramm der Probe P4 nach Fluoreszenzkorrektur (mit Interferenzfilter im Streustrahl)

von Quenchingeffekten nicht mehr proportional mit der Konzentration zunimmt. Das konnte durch Depolarisationsmessungen und Abschätzung des Fluoreszenzlichtes nach dem Verfahren von *Brice*, *Nutting* und *Halwer* [1] bestätigt werden (s. Tabelle 2).

Die mit diesen Werten für I_F korrigierten Streukurven (Bild 9) stimmen recht gut mit Bild 8 überein. Die noch auftretenden geringen Abweichungen sind wahrscheinlich dadurch bedingt, daß auch beim Arbeiten mit dem Interferenzfilter das noch verbleibende Fluoreszenzlicht etwas schwächer als proportional zur Konzentration zunimmt. Die Quenchingeffekte prägen sich hier jedoch wesentlich schwächer aus, da durch das Interferenzfilter das Fluoreszenzmaximum unterdrückt wird.

In Tabelle 3 haben wir die aus den korrigierten *Zimm*-Diagrammen entnommenen Werte für die rel. Molekülmasse, den zweiten Virialkoeffizienten und den Gyrationsradius zusammengestellt. Die Übereinstimmung der mit bzw. ohne Interferenzfilter im Streustrahl ermittelten Werte ist sehr gut, so daß die Ergebnisse als zuverlässig angesehen werden können.

Die beim Tempern auftretenden Änderungen bezüglich der rel. Molekülmasse und der Moleküldimensionen

Tabelle 2. Fluoreszenzlicht für die Probe P4 (ohne Interferenzfilter nach dem Verfahren von Brice, Nutting und Halwer

c %	I_F*
0,3	1,39
0,25	1,22
0,2	1,04
0,15	0,83
0,1	0,51
0,05	0,31

* In Einheiten R_{Benzol}

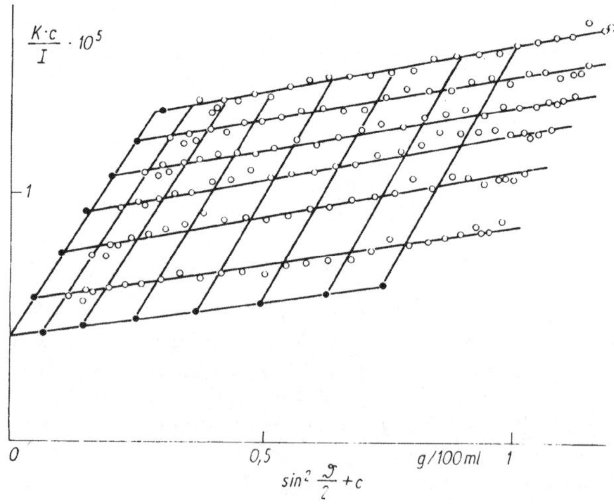

Bild 9. *Zimm*-Diagramm der Probe P4 mit Fluoreszenzkorrektur nach *Brice*, *Nutting* und *Halwer* (ohne Interferenzfilter im Streustrahl)

Tabelle 3. Werte für rel. Molekülmasse, zweiten Virialkoeffizienten und Gyrationsradius

Probe	$M_w \cdot 10^{-5}$		$A_2 \cdot 10^5$ (100 ml/g)		Anstieg der Streukurven · 10^5		$\overline{r_z^2}^{1/2}$ in Å	
	ohne Filter	mit Filter	ohne Filter	mit Filter	ohne Filter	mit Filter	ohne Filter	mit Filter
P1	3,0	3,0	1,60	1,64	0,33	0,33	552	552
P2	4,2	4,2	2,00	2,03	0,32	0,32	621	621
P3	2,6	2,6	1,71	1,70	0,30	0,30	463	463
P4	2,9	2,4	1,48	1,44	0,06	0,26	—	414
P4*	2,4		1,60		0,28		429	

* Korrektur nach [1]

sind leicht verständlich. Beim Tempern des PVY-Pulvers tritt eine Vernetzung auf, die zu einer Erhöhung der rel. Molekülmasse führt (P2). Die Zunahme des Gyrationsradius ist geringer, als sie der Erhöhung der rel. Molekülmasse eines linearen Moleküls entsprechen würde. Dieser Effekt wird durch die kompaktere Struktur der vernetzten Probe bedingt. Beim Erhitzen der Polyacrylnitril-Lösungen treten eine geringe Abnahme der rel. Molekülmasse und eine dementsprechende Abnahme der Gyrationsradien auf. Dieses Verhalten läßt sich durch Abbaueffekte beim Erwärmen oder durch eine bessere molekulare Lösung (keine Assoziate) erklären.

Abschließend können wir feststellen, daß das in dieser Arbeit vorgeschlagene Verfahren zur Bestimmung des Fluoreszenzanteils aus dem Streukurvenverlauf bei zwei verschiedenen Konzentrationen speziell für das System Polyacrylnitril/DMF zuverlässige Ergebnisse liefert. Nur bei der sehr stark hitzegeschädigten Probe P4, die eine wesentlich intensivere Gelbfärbung zeigte, als man sie bei technischen Polyacrylnitrillösungen beobachtet, erwies sich die Voraussetzung der Proportionalität zwischen Polymerkonzentration und Fluoreszenzlicht als nicht mehr zutreffend. Aber auch hier ermittelt man beim Arbeiten mit einem Interferenzfilter im Streustrahl für die rel. Molekülmasse und den Gyrationsradius innerhalb der Meßgenauigkeit die richtigen Ergebnisse.

Für die sorgfältige Mitarbeit bei den experimentellen Untersuchungen danke ich Frau *B. Preiß*.

Literatur

[1] *Brice, B. A.*, *Nutting, G. C.*, und *Halwer, M.*: Correction for absorption and fluorescence in the determination of molecular weight by light scattering. J. amer. chem. Soc. **75** (1953) S. 824—828.
[2] *Zimm, B. H.*: The scattering of light and the radial distribution function of high polymer solutions: J. chem. Physics **16** (1948) 12, S. 1099—1116.
[3] *Krigbaum, W. R.*, und *Kotliar, A. M.*: The molecular weight of polyacrylonitrile. J. Polymer Sci. **32** (1958) S. 323—341.
[4] *Shibukawa, T.*, *Sone, M.*, *Uchida, A.*, und *Iwahori, K.*: Light-scattering study of polyacrylonitrile solutions. J. Polymer Sci., A-1: Polymer Chem. **6** (1968) 1, S. 147 bis 159.

Eingegangen am 21. August 1972

Zinknachweis in Celluloseregeneratfäden durch elektronenmikroskopische Autoradiographie

Dieter Paul und Dieter Bartsch
Akademie der Wissenschaften der DDR, Institut für Polymerenchemie in Teltow-Seehof

DK 677.463:677.014.87:537.533.35:546.47.02:543.53

Die elektronenmikroskopische Autoradiographie gestattet die Lokalisierung einer radioaktiven Markierung in Feinstrukturen von Objekten. Die Methode wird angewandt, um die Reaktionszone von markiertem Zink im entstandenen Celluloseregeneratfaden nachzuweisen.

Обнаружение цинка в гидратцеллюлозных волокнах методом электронномикроскопической авторадиографии

Метод электронномикроскопической авторадиографии дает возможность локализации меченых атомов в тонких структурах исследуемых обьектов. Метод используется для обнаружения зоны реакции меченого цинка в образующейся гидратцеллюлозной нити.

Proof of the Presence of Zinc in Rayon Fibers by Electron Microscopic Autoradiography

Electron microscopic autoradiography is a highly sensible technique for the localisation of radioactively labelled substances. The method is used for determining the reaction area of zinc during the formation of rayon fibers.

1. Einführung

Der Gebrauch von Radionukliden bei der Bearbeitung analytischer Probleme zeichnet sich gegenüber anderen Verfahren durch hohe Nachweisempfindlichkeit aus. In Kombination mit der elektronenmikroskopischen Autoradiographie können geringe Mengen einer radioaktiven Markierung im Untersuchungsgegenstand lokalisiert werden.

Bei der Herstellung von Celluloseregeneratfäden nach dem Viskoseverfahren laufen während der Fadenformierung im Spinnbad eine große Zahl diffusionsabhängiger Reaktionen ab. Die Kontrolle der Diffusionsvorgänge geschieht vornehmlich durch Bestimmung von Konzentrationsänderungen in Modellfäden [3, 7]. Durch Zusatz von radioaktiv markierten Komponenten zum Spinnbad lassen sich deren Reaktionsbereiche im entstehenden Faden autoradiographisch direkt bestimmen [4].

Diese Methode erlaubt auch eine verbesserte Zuordnung zwischen Zink und Fadenmorphologie bei Untersuchungen zum Cordspinnprozeß von Celluloseregeneratfäden, die den in der Technik üblichen Durchmesser von ca. 10 µm aufweisen.

2. Experimentelles

Die Fäden wurden an einer Modellspinnapparatur durch Spinnen einer Viskose mit 6,57% Cellulose, 5,45% Alkali, 1,4% Leomin AC und 0,7% Polyglykol als Modifikatoren (Gehalt, bezogen auf Cellulose), einem DP von 524, einer E-Zahl von 87,9 und einem γ-Wert von 43 durch eine Spinndüse mit sechs Öffnungen und einem Lochdurchmesser von 40 µm erhalten. Das Spinnbad bestand aus 100 ml einer Lösung von 58 g H_2SO_4/l, 137 g Na_2SO_4/l, 89,3 g $ZnSO_4$/l sowie einem Zusatz von 1,8 g $^{65}ZnSO_4$ einer Aktivität von 90 mCi. Der Spinnvorgang erfolgte bei einer Temperatur von 48 °C mit einer Ausspritzgeschwindigkeit von 7,03 m/min und einem Verzug von 0,378.

Der entstandene Faden legte im radioaktiven Spinnbad eine Strecke von 5 cm zurück. Die Fadenbildungsreaktionen wurden mit einer Lösung von 1 Volumenteil Glycerin und

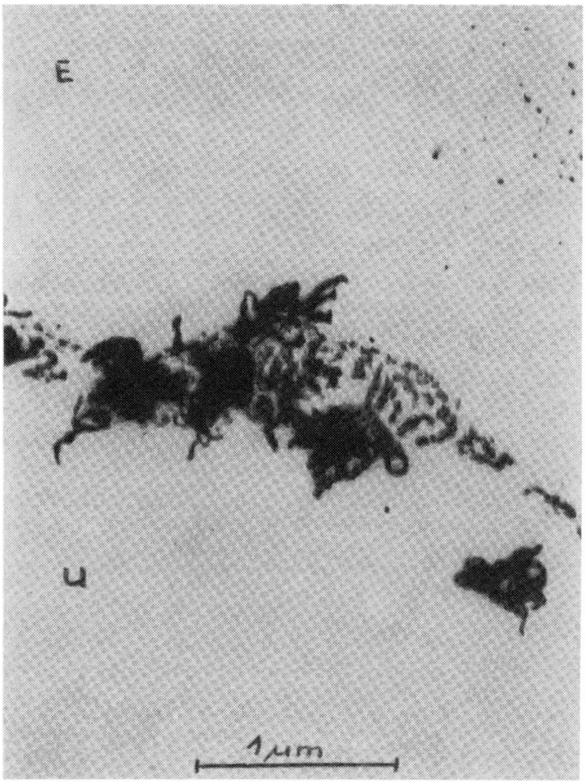

Bild 1. Ausschnitt der elektronenmikroskopischen Abbildung des Autoradiogrammes eines Ultradünnschnittes — Verteilung der schlangenförmigen Silberpartikel lokalisiert Zn-65 am Fadenrand

U — Ultradünnschnitt des Fadens
E — Einbettungsmittel

4 Volumenteilen Wasser bei 4 °C abgestoppt. Charakteristisch für die Fadenprobe waren ein γ-Wert von 37,5, ein Zn-Gehalt von 2,7 Masse-% und ein Durchmesser von 11 µm.

Zur Lokalisierung des radioaktiv markierten Zinks im entstandenen Faden wurden von diesem Ultradünnschnitte und davon Autoradiogramme angefertigt. Dazu erfolgte ein Austausch der Abstopplösung gegen Wasser, Alkohol und Aceton. Die Einbettung der Proben geschah in Durcupan ACM [2]. Zur Herstellung der Ultradünnschnitte diente ein Ultramikrotom Typ Om U 2 der Fa. Reichert. Die Ultradünnschnitte (Schnittdicke 1000 Å, Masse ca. 10^{-8} mg, Aktivität ca. 10^{-4} nCi) wurden mit einer Schutzschicht von < 100 Å Kohlenstoff bedampft und anschließend eine Einkornfilmschicht der Kernemulsion Ilford L 4 als Strahlendetektor aufgebracht [6]. Die Expositionszeit betrug 85 Tage. Die photographische Entwicklung erfolgte mit ORWO MM 28, 1:3 verdünnt, 3 min. Zur Betrachtung bzw. Auswertung der Autoradiogramme diente ein Elektronenmikroskop des Typs SEM 3—1 des VEB Werk für Fernsehelektronik, Berlin.

3. *Ergebnisse*

Die Verteilung der Silberpartikel des elektronenmikroskopischen Autoradiogrammes gibt einen Hinweis auf die Verteilung der radioaktiven Markierung. Die untersuchten Fadenproben zeigen eine periphere Verteilung des markierten Zinks im Faden. Im Bild 1 ist ein Ausschnitt des Autoradiogramms eines Fadenultradünnschnittes wiedergegeben. Der Faden ist durch eine dunkel erscheinende Randschicht begrenzt. Elektronenbeugung deutet auf die Ablagerung von ZnS hin [4]. Solche Deckschichten konnten auch elektronenmikroskopisch nachgewiesen werden [5]. Eine Verbreiterung dieser Randschicht verursacht eine größere Zahl von Silberpartikeln im Autoradiogramm, gleichbedeutend auch einem höheren Gehalt an radioaktiv markiertem Zink an dieser Stelle. Die Deckschicht hat in dem Bild eine Breite von 0,5 µm. Silberpartikel werden noch 0,5 µm vom Rand entfernt im Faden gefunden. Die Verteilung der Silberpartikel erfolgt bei einer Dicke des Ultradünnschnittes von 0,1 µm mit einem Gesamtfehler [1] von ca. 0,21 µm. Dies bedeutet eine maximale Einlagerungstiefe der Zinkmarkierung im Faden von 1,2 µm.

Unter den gewählten Versuchsbedingungen laufen also Reaktionen der Fadenbildung unter Zinkbeteiligung nur in diesem Fadenbereich ab. Aus dem elektronenmikroskopischen Autoradiogramm geht natürlich nicht hervor, welche Reaktionsprodukte des Zinks als Folge der Fadenbildungsreaktionen entstehen.

Das Versuchsergebnis weist auf die Möglichkeit hin, mit Hilfe der elektronenmikroskopischen Autoradiographie Aussagen über die Verteilung einer radioaktiven Markierung in Feinstrukturen von Objekten zu erhalten.

Literatur

[1] *Bachmann, L., Salpeter, M. M.*, und *Salpeter, E. E.:* Das Auflösungsvermögen elektronenmikroskopischer Autoradiographien. Histochemie **15** (1968) S. 234—250.
[2] *Gröbe, A.*, und *Gensrich, H.-J.:* Elektronenmikroskopische Untersuchungen an Ultradünnschnitten von Celluloseregeneratfäden. Faserforsch. u. Textiltechnik **20** (1969) S. 118—124.
[3] *Jost, H., Gröbe, A.*, und *Klare, H.:* Reaktionskinetische Untersuchungen bei der Entstehung von Celluloseregeneratfäden. Faserforsch. u. Textiltechnik **14** (1963) S. 522—527.
[4] *Klare, H., Gröbe, A.*, und *Philipp, B.:* Über den Lösungszustand von Viskose und den Bildungsmechanismus von Celluloseregeneratfäden. Chemiefasern **15** (1965) S. 502 bis 509.
[5] *Maron, R., Gröbe, A.*, und *Rose, P.:* Eine Feuchtabdruckmethode zur elektronenmikroskopischen Untersuchung ungetrockneter Fäden. Mikroskopie **23** (1968) S. 155—161.
[6] *Paul, D.*, und *Gröbe, A.:* Untersuchungen zur Methode der Autoradiographie im Elektronenmikroskop. Studia biophys. **8** (1968) S. 235—244.
[7] *Serkov, A. T.*, und *Kotomina, D. N.:* Diffusionsprozesse beim Erspinnen von Viskosefaserstoffen. Faserforsch. u. Textiltechnik **22** (1971) S. 434—440.

Eingegangen am 8. August 1972

Friedrich Winkler Institut für Polymerenchemie der AdW, Teltow-Seehof	**Standardisierte Begriffe der Textilprüfung und verwandter Gebiete** **1. Statische Zugprüfung** **Beiblatt F: Systematische und alphabetische Gliederung der Begriffe in französischer Sprache**	**Blatt 1 F** **(Teil 1)** DK 389.6:677.017.2:168.1

Dieses Beiblatt enthält die französischsprachigen Begriffe, die für den statischen Zugversuch standardisiert worden und dem Verfasser bekannt sind. In welcher Weise mit ihm, dem schon erschienenen Grundblatt[1]) und Beiblättern D[2]), E[3]) und R[4]) sowie den noch erscheinenden Beiblättern zu arbeiten ist, wurde bereits in der Einleitung des Grundblattes erläutert.

Systematischer Teil

Der als Teil 1 dieses Blattes vorgelegte systematische Teil ist nach den dreiteiligen Nummern der Begriffe des Grundblattes gegliedert. Treten innerhalb einer dreiteiligen Nummer mehrere standardisierte Begriffe auf, so ist der dem Verfasser am treffendsten erscheinende als erster genannt. Die Reihenfolge wurde so gewählt, daß ein Begriff um so später aufgeführt ist, je weniger zutreffend er zu sein scheint. Nach jedem Begriff ist die Quelle genannt, der der Begriff entnommen wurde. Um Platz zu sparen, ist die Quellenangabe aus einem leicht verständlichen Kurzzeichen für das nationale oder internationale Standardisierungsgremium (meist die Kurzbezeichnung des Standards), einer Nummer (meist die Nummer des Standards) und der Angabe des Ausgabejahres (meist entweder mit Bindestrich an die Nummer des Standards angehängt oder zusammen mit dem Monat in Klammern stehend) zusammengesetzt. Die im Blatt 1 F verwendeten Kurzzeichen bedeuten:

A	Die Gruppenbezeichnung in französischen Standards,
ASN	Die Standards der Schweizerischen Normenvereinigung,
Beibl.	Das Beiblatt,
BISFA	Die Standards des internationalen Büros für die Standardisierung von Chemiefaserstoffen,
Bl.	Das Blatt,
ČSN	Die tschechoslowakischen Standards,
D	Die Ausgaben der BISFA in deutscher Sprache,
DIN	Die Standards des deutschen Normenausschusses,
DR	Die Entwürfe zu ISO-Empfehlungen,
E	(beim Ausgabedatum) Die Entwürfe von Standards,
E	(bei BISFA) Die Ausgaben der BISFA in englischer Sprache,
F	Die Ausgaben der BISFA in französischer Sprache,
G	Die Gruppenbezeichnung in französischen Standards,
GLS	Die BISFA-Regeln für Glasseiden,
I	Die Ausgaben der BISFA in italienischer Sprache,
ISO	Die Standards der Internationalen Standardisierungs-Organisation,
MSZ	Die ungarischen Standards,
NBN	Die Standards der belgischen Normenvereinigung,
NF	Die Standards der französischen Normenvereinigung,
PAC	Die BISFA-Regeln für Polyamidcordseiden,
PAF	Die BISFA-Regeln für Polyamidfasern und -kabel,
PAS	Die BISFA-Regeln für Polyamidseiden,
PEF	Die BISFA-Regeln für Polyesterfasern,
PES	Die BISFA-Regeln für Polyesterseiden,
PN	Die Entwürfe zu französischen Standards,
Projet	Die Entwürfe zu BISFA-Regeln,
R	Die Empfehlungen der ISO,
SNV	Die Standards der Schweizerischen Normenvereinigung,
T	Die Gruppenbezeichnung in französischen Standards,
UNI	Die Standards der italienischen Normenvereinigung,
VIC	Die BISFA-Regeln für Viskosecordseiden,
VIF	Die BISFA-Regeln für Viskose-, Kupfer- und Acetatfasern,
VIK	Die BISFA-Regeln für Viskosekabel,
VIS	Die BISFA-Regeln für Viskose-, Kupfer- und Acetatseiden,
VSM	Die Standards des Vereins Schweizerischer Maschinenindustrieller.

[1]) s. Faserforsch. u. Textiltechnik **23** (1972) 9, S. 391 bis 406.

[2]) s. Faserforsch. u. Textiltechnik **17** (1966) 12, S. 578 bis 589.

[3]) s. Faserforsch. u. Textiltechnik **18** (1967) 5, S. 245 bis 253; 6, S. 298–304.

[4]) s. Faserforsch. u. Textiltechnik **19** (1968) 11, S. 531 bis 537; 12, S. 583–590.

Tritt der aufgeführte Begriff in mehreren Standards auf, ist das Kurzzeichen nicht wiederholt, sondern die Nummer des zweiten Standards unmittelbar an das Ausgabejahr des ersten Standards angehängt worden, z. B. ISO/R 400-1964, /DR 751 (4.67) oder NF A 03-151 (PN) (10.65), G 36-009 (8.59).

Es folgt nun die systematische Gliederung der Begriffe des statischen Zugversuchs in französischer Sprache.

1.1.1. résistance
ISO/DR 514 (5.62)
résistance à la traction
VSM 77500 (9.64)
effort de traction
DIN 50100, Beibl. (11.54)

1.1.2. résistance à la traction
ISO/DR 1422 (8.67); NF G 00-002 (12.46); VSM 77 500 (9.64)
résistance à la rupture par traction
ISO/R 66-1958; NF G 00-002 (12.46)

1.1.3. résistance au déchirement
NF G 07-055 (11.61)
contrainte
ČSN 64 0001 (1963); DIN 7730, Bl. 1 (7.65); ISO/R 194-1961; MSZ 7587-62; VSM 77 500 (9.64)

1.1.4. résistance à l'état hygrométrique normal
NF G 00-002 (12.46)

1.1.5. résistance à l'état mouillé
NF G 00-002 (12.46)

1.1.6. résistance dynamométrique
NF G 00-002 (12.46)

1.1.7. réactivité
NF G 00-002 (12.46)
extensibilité
ČSN 64 0001 (12.63); DIN 7730, Bl. 1. (7.65); ISO/R 194-1961; MSZ 7587-62; VSM 77 500 (9.64)

1.1.8. déformation
ČSN 64 0001 (12.63)
déformation relative
ISO/R 194-1961; DIN 7730, Bl. 1 (7.65); MSZ 7587-62

1.1.9. déformation subpermanente
NF G 00-002 (12.46)

1.1.10. plasticité
ČSN 64 0001 (12.63); DIN 7730, Bl. 1 (7.65); ISO/R 194-1961, /DR 1422 (8.67); MSZ 7587-62; VSM 77 500 (9.64)

1.1.11. élasticité
ČSN 64 0001 (12.63); DIN 7730, Bl. 1 (7.65); ISO/R 194-1961, /DR 1422 (8.67); MSZ 7587-62; NF G 00-002 (12.46); VSM 77 500 (9.64)
élasticité de Hooke
ISO/DR 1422 (8.67)
élasticité idéale
ISO/DR 1422 (8.67)

1.1.12. haute élasticité
ISO/R 194-1961; VSM 77 500 (9.64)

1.1.13. elasticité retardée
DIN 7730, Bl. 1 (7.65); ISO/R 194-1961; MSZ 7587-62; VSM 77 500 (9.64)

1.1.14. hystérésis mécanique
NF G 00-002 (12.46)

1.1.17. résilience
ISO/R 194-1961

1.1.18. résistance d'adhésion
ČSN 64 0001 (12.63); ISO/R 194-1961; MSZ 7587-62; VSM 77 500 (9.64)

1.1.18. pouvoir collant
VSM 77 500 (9.64)

1.1.19. relaxation en contrainte
ISO/DR 1422 (8.67)
relaxation de tension
ČSN 64 0001 (12.63)

1.1.27. résistance à l'allongement d'une déchirure
ISO/DR 751 (4.67)
résistance à la déchirure
ISO/DR 751 (4.67); VSM 77 500 (9.64)

1.1.28. vitesse d'essai
ISO/R 190-1961, /DR 751 (4.67), /DR 930 (9.67), /DR 1132 (1.67), /DR 1136 (1.67)

1.1.29. ductilité
ISO/R 194-1961

1.1.31. fluidité
DIN 7730, Bl. 1 (7.65); MSZ 7587-62; VSM 77 500 (9.64)

1.1.34. résistance à la déchirure
VSM 77 500 (9.64)

1.2.1. essai dynamométrique
NF G 00-002 (12.46)
essai à la traction
BISFA VIF F 1962
essai de traction
ISO/R 400-1964, /R 401-1964, /R 402-1964, /DR 751 (4.67), /DR 1555 (12.67); DIN 53 504 (5.69); NBN 321-1954; NF A 03-151 (PN) (10.65), G 36-009 (8.59); VSM 77050 (1.55)

1.2.2. méthode Pressley
DIN 53 942 (8.68)

1.2.4. essai de traction au lacet
DIN 53 843 (5.62)

1.2.5. essai de traction au nœud
DIN 53 842 (5.62)

1.2.6. essais de traction sur echevettes
NBN 634-1965

1.2.8. essai de traction sur bandes pour les tissus
DIN 53 857 (6.62)

1.2.11. essai de traction sur tissus (méthode d'arrachement)
DIN 53 858 (11.62)

1.2.13. essai de déchirement sur languettes
NF G 07-055 (11.61)

1.2.14. essai avec déchirure amorcée
DIN 53 859 (1.69)

1.2.16. essai de déchirement au mouton pendulaire (déchirure amorcéé)
NF G 07-055 (11.61)

1.2.17. essai de déchirement au clou
NF G 07-055 (11.61)
determination de la résistance au déchirement au clou
DIN 54 301 (5.68)
essai de résistance à l'arrachement d'une aiguille
VSM 77 057 (7.64)

1.2.18. essai de déchirement au clou avec un mouton pendulaire
NF G 07-055 (11.61)

1.2.19. essai de séparation de couches de tissu adhérentes
DIN 53 530 (7.62)

1.2.20. essai à vitesse constante
NF G 00-002 (12.46)

1.2.21. essai à temps constant
NF G 00-002 (12.46)

1.2.23. essai de traction, methode fil à fil
NBN 321-1954
essai de traction pour fils et retors
DIN 53 843 (9.61)

1.2.24. essai de traction pour fibres individuelles, cheveux et soies
DIN 53 816 (9.61)

1.2.39. essai de traction pour fils et retors sêches à l'étuve
DIN 53 834, Bl. 2 (E.7.66)

1.2.40. essai de dechirement
DIN 53 859 (1.59)

1.3.1. machine d'essai des matériaux
DIN 51 301 (9.61)

1.3.2. machine de traction
NF T 48-103 (6.67)
machine de'essai
NF G 07-001 (4.44), G 07-003 (12.46), G 07-055 (11.61), T 56-108 (11.65)
dynamomètre
BISFA VIC F 1963, VIK F 1965, GLS F 1967; ISO/R 283-1962, /DR 194 III (7.63); NBN 634-1965; NF G 07-003 (12.46), G 07-055 (11.61), G 28-001 (1.67), G 36-009 (8.59), T 47-126 (8.65), T 47-131 (9.68); SNV-ASN 198 681 (2.E. 9.69)
appareil d'essai
NF G 07-055 (11.61); VSM 77 050 (1.55)
machine d'essai de traction
DIN 51 221, Bl. 3 (10.68); ISO/DR 1806 (1.69)
dispositif d'essai de traction
VSM 77 051 (11.56)
dispositif de traction
VSM 77 057 (7.64)
dispositif d'essai
VSM 77 057 (7.64)
appareil de traction
ISO/DR 194 III (7.63); NBN 321-1954, 349-1954, 350-1954
appareil
VSM 77 050 (1.55)

1.3.3. appareil à gradient d'allongement constant
NF G 07-008 (4.61)
appareil à gradient constant de l'allongement
BISFA PEF F 1961
appareil à gradient constant d'allongement
ISO/DR 194 III (7.63)
machine à gradient constant d'allongement
ISO/DR 1806 (1.69)
dynamomètre à gradient constant d'allongement de l'éprouvette
ISO/DR 194 III (7.63)
dynamomètre à gradient constant d'allongement
BISFA PAF F 1963, PEF F 1963, VIS F 1963
dynamomètre à vitesse constante d'allongement
BISFA VIF F 1962
dynamomètre à vitesse d'allongement constante
BISFA PEF F 1961, VIK F 1965

1.3.4. appareil à gradient de charge constant
NF G 07-008 (4.61)
appareil à gradient constant de charge
ISO/DR 194 III (7.63)
appareil à gradient constant de la charge
BISFA PEF F 1961
dynamomètre à gradient constant de charge
BISFA PAF F 1963, PES F 1963, VIS F 1963; ISO/DR 194 III (7.63)
dynamomètre à vitesse constante de charge
BISFA VIF F 1962
dynamomètre à vitesse de charge constante
BISFA PEF F 1961, VIK F 1965

1.3.5. appareil à vitesse constante de déplacement de la pince inférieure
NF G 07-008 (4.61)
appareil à gradient constant de déplacement
ISO/DR 194 III (7.63)
appareil à gradient constant de déplacement de la pince mobile
ISO/DR 194 III (7.63)
dynamometrè à gradient constant de déplacement de la pince mobile
ISO/DR 194 III (7.63)

1.3.6. dynamomètre à pendule
BISFA PEF F 1961, VIF F 1962, PAF F 1963, PES F 1963, VIS F 1963, VIK F 1965; NF G 07-055 (11.61)
appareil à pendule
BISFA PEF F 1961, VIF F 1962, PAC F 1963, PAF F1963, VIC F 1963, VIS F1963, VIK F1965, GLS F 1967, PAS F 1967
appareil de traction du type pendulaire
NBN 321-1954
appareil du type pendulaire
NBN 634-1965
dispositif de traction à pendule
VSM 77 057 (7.64)

1.3.14. dispositif d'enregistrement de la courbe charge/allongement
SNV-ASN 198 681 (2.E.9.69)
dispositif d'enregistrement de la courbe »allongement-charge«
NF G 07-055 (11.61)
enregistreur graphique automatique
ISO/DR 194 III (7.63)

1.3.16. mâchoires
ISO/R 283-1962, /R 527-1966; NBN 321-1954, 350-1954; NF G 07-001 (4.44), G 07-055 (11.61), G 28-001 (1.67), T 47-102 (7.63), T 47-131 (9.68), T 48-103 (6.67), T 56-108 (11.65); VSM 77 051 (11.56), 77 057 (7.64)
attaches
NF G 07-003 (12.46)
pinces
BISFA PEF F 1961, VIF F 1962, PAC F 1963, VIC F 1963, GLS F 1967; ISO/DR 194 III (7.63), /DR 1806 (1.69)

1.3.18. mâchoire
ISO/DR 194 III (7.63)

1.3.21. indicateur d'allongement
ISO/R 527-1966

1.3.22. dynamomètre
NF G 00-002 (12.46)

1.3.26. dynamomètre
NF G 07-001 (4.44)

1.3.33. graduation
VSM 77 051 (11.56)
échelle
VSM 77 050 (1.55)

1.4.1. force de traction
BISFA VIK F 1965; SNV-ASN 198 681 (2.E.9.69)
charge de traction
ISO/R 527-1966

1.4.2. force de traction préalable
NF G 28-001 (1.67)
tension préalable
NF G 07-001 (4.44), G 07-008 (4.61)
tension initiale
NF G 07-003 (12.46)
charge initiale
ISO/DR 514 (5.62)
prétension
BISFA VIF D 1962, PES D 1963, Projet 8 (5.67)

1.4.3. force de rupture
ISO/DR 1806 (1.69); NF G 28-001 (1.67)
force de traction au moment de la rupture
NF T 48-103 (6.67)
force nécessaire pour obtenir la rupture de l'éprouvette
NF T 56-108 (11.65)
charge de rupture
BISFA PEF F 1961, VIF F 1962, PAC E 1963, PAC F 1963, PAF E 1963, PAF F 1963, PES D 1963, PES E 1963, PES F 1963, VIC E 1963, VIC F 1963, VIS E 1963, VIS F 1963, VIK E 1965, VIK F 1965, GLS E 1967, GLS F 1967, PAS E 1967, PAS F 1967, Projet 8 (5.67); ISO/DR 194 III (7.63); NBN 321-1954; NF G 00-002 (12.46), G 07-003 (12.46), G 07-008 (4.61), T 48-103 (6.67)
charge maximale
ISO/R 190-1961, /R 400-1964, /R 401-1964, /R 402—1964, /R 527-1966, /DR 514 (5.62), /DR 1132 (1.67),/ DR 1136 (1.67), /DR 1422 (8.67), /DR 1555 (12.67); NF A 03-151 (PN) (10.65), A 03-160 (PN) (10.65)
charge maximum
UNI 552-64; VSM 77 050 (1.55)
résistance à la rupture
NBN 242-1950

1.4.6. charge ultime
ISO/R 190-1961, /R 400-1964, /R 401-1964, /R 402-1964, /DR 514 (5.62), /DR 1132 (1.67), /DR 1136 (1.67); NF A 03 -151 (PN) (10.65), A 03-160 (PN) (10.65); UNI 552-64
charge à l'instant de la rupture
ISO/R 400-1964, /R 401-1964, /R 402-1964; NF A 03-151 (PN) (10.65), A 03-160 (PN) (10.65)
charge au moment de la rupture
ISO/R 190-1961, /DR 1132 (1.67), /DR 1136 (1.67)
charge à la rupture
ISO/R 527-1966

1.4.7. charge d'épreuve à la traction
NF G 00-002 (12.46)

1.4.9. charge de rupture à l'état conditionné
BISFA PAC F 1963, GLS F 1967, Projet 8 (5.67); NF G 07-008 (4.61)
charge de rupture à l'état d'essai normal
NBN 349-1954, 350-1954
résistance à la rupture à l'état hygrométrique normal
NF G 07-003 (12.46)
force de rupture à l'état sec
ISO/DR 1806 (1.69)

1.4.10. résistance réelle à la traction
NF G 36-009 (8.59)

1.4.11. force de rupture à l'état mouillé
ISO/DR 1806 (1.69)
charge de rupture à l'état mouillé
BISFA Projet 8 (5.67); NF G 07-008 (4.61)
résistance à la rupture à l'état mouillé
NF G 07-003 (12.46)

1.4.13. charge de rupture à l'état anhydre
BISFA Projet 8 (5.67)

1.4.14. force moyenne de rupture
ISO/DR 1806 (1.69)
charge moyenne de rupture
NF G 07-008 (4.61)
charge de rupture moyenne
ISO/DR 1806 (1.69); NF G 00-002 (12.46)

1.4.20. charge de rupture des fils
NBN 350-1954

1.4.21. force de rupture nominale
NF G 28-001 (1.67)
charge de rup ure nominale du fil
NF G 07-003 (12.46)

1.4.22. charge de rupture d'une échevette
NBN 634-1965

1.4.27. force de déchirement moyenne
NF T 47-126 (8.65)

1.4.36. force d'arrachement de l'aiguille
VSM 77 057 (7.64)
force de déchirement
NF G 07-055 (11.61)

1.4.47. charge maximum
VSM 77 051 (11.56)

force
VSM 77 051 (11.56)

1.4.49. charge à la limite apparente d'élasticité
ISO/DR 514 (5.62); NF A 03-151 (PN) (10.65), A 03-160 (PN) (10.65); UNI 552-64
charge au seuil d'écoulement
ISO/R 527-1966

1.4.50 charge à la limite d'allongement rémanent
UNI 552-64

1.4.51. charge de rupture des fibres
NF G 07-008 (4.61)

1.4.52. charge de rupture d'un cordage
NBN 349-1954

1.4.53. charge de rupture d'un cordage
NBN 350-1954

1.4.63. résistance au déchirement
VSM 77 051 (11.56)

1.4.66. charge moyenne de rupture des fibres
NF G 07-008 (4.61)

1.4.69. charge à × % d'allongement
NBN 321-1954

1.4.70. charge à la limite conventionelle d'élasticité
UNI 552-64

1.4.71. prétension normale
BISFA Projet 8 (5.67)
prétension standard
BISFA PES D 1963

1.4.72. charge de rupture du câblé
BISFA PAC F 1963

1.4.73. charge de rupture du câblé à l'état conditionné
BISFA PAC F 1963, VIC F 1963

1.4.74. charge de rupture du câblé à l'état séché au four
BISFA VIC F 1963

1.4.77. charge élastique limite
NF G 00-002 (12.46)

1.4.78. résistance à la traction en chaîne
NF G 07-001 (4.44)

1.4.79. résistance à la traction en trame
NF G 07-001 (4.44)

1.4.81. charge de rupture des fibres à l'état conditionné
NF G 07-008 (4.61)

1.4.82. charge de rupture des fibres à l'état mouillé
NF G 07-008 (4.61)

1.4.83. force moyenne de déchirement
NF G 07-055 (11.61)

1.4.84. force moyenne de déchirement
NF G 07-055 (11.61)

1.4.85. force de tension transversale
SNV-ASN 198 681 (2.E.9.69)

1.4.86. charge
VSM 77 050 (1.55)

1.4.88. force de rupture de la maille
ISO/DR 1806 (1.69)

1.4.89. force de rupture de la maille à l'état sec
ISO/DR 1806 (1.69)

1.4.90. force de rupture de la maille à l'état mouillé
ISO/DR 1806 (1.69)

1.4.91. force moyenne de rupture de la maille
ISO/DR 1806 (1.69)

1.5.4. résistance à l'arrachement d'une aiguille
VSM 77 057 (7.64)

1.5.5. résistance à la rupture
ISO/R 283-1962; NF T 47-102 (7.63), T 47-131 (9.68)

1.5.8. charge de référence
ISO/R 283-1962

1.5.9. tension transversale linéaire
SNV-ASN 198 681 (2.E.9.69)

1.6.1. résistance relative au mouillé
NF G 00-002 (12.46)
indice de résistance à l'état humide
ISO/R 135-1959

1.6.3. perte de résistance au mouillé
NF G 07-003 (12.46)
perte de résistance à la rupture à l'état mouillé
NF G 00-002 (12.46)

1.6.19. gain de résistance au mouillé
NF G 07-003 (12.46)

1.6.19. gain de résistance à la rupture à l'état mouillé
NF G 00-002 (12.46)

1.6.20. résistance de l'assemblage
NF T 47-131 (9.68)

1.7.1. ténacité
ISO/DR 194 III (7.63)

1.7.2. longueur de rupture
BISFA GLS F 1967; ISO/R 66-1958, /DR 194 III (7.63); NBN 242-1950
résistance kilométrique
BISFA PEF E 1961, PEF F 1961, VIF D 1962, VIF E 1962, VIF F 1962, VIF I 1962, PAC E 1963, PAC F 1963, PAF E 1963, PAF F 1963, PEF D 1963, PEF E 1963, PEF F 1963, VIC E 1963, VIC F 1963, VIS E 1963, VIS F 1963, VIK E 1965, VIK F 1965, GLS E 1967, GLS F 1967, PAS E 1967, PAS F 1967, Projet 8 (5.67)
ténacité à la rupture
ISO/DR 194 III (7.63)
ténacité
BISFA VIC F 1963, VIS F 1963, PAF F 1963

1.7.3. ténacité
BISFA PEF E 1961, PEF F 1961, VIF E 1962, VIF F 1962, PAF E 1963, PAF F 1963, PES F 1963, VIC E 1963, VIC F 1963, VIS E 1963, VIS F 1963, VIK F 1965, GLS E 1967, GLS F 1967, PAS F 1967

1.7.4. prétension
BISFA PEF E 1961, PEF F 1961, VIF E 1962, VIF F 1962, VIF I 1962, PAC E 1962, PAC F 1962, PAF E 1963, PAF F 1963, PES E 1963, PES F 1963, VIC E 1963, VIC F 1963, VIS E 1963, VIS F 1963, VIK E 1965, VIK F 1965, GLS E 1967, GLS F 1967, PAS E 1967, PAS F 1967
pré-tension
ISO/DR 194 III (7.63)

1.7.5. prétension normale
BISFA GLS E 1967, GLS F 1967, PAS E 1967, PAS F 1967
prétension standard
BISFA PEF E 1961, PEF E 1962, VIF F 1962, PAC E 1963, PAC F 1963, PAF E 1963, PAF F 1963, PES F 1963, PEF F 1963, VIC E 1963, VIC F 1963, VIS E 1963, VIS F 1963, VIK E 1965, VIK F 1965

1.7.9. ténacité au conditionné
BISFA VIK E 1965, VIK F 1965
ténacité à l'état conditionné
BISFA VIF F 1962, PAS E 1967, PAS F 1967
ténacité (conditionné)
BISFA PES D 1963, PES E 1963, PES F 1963

1.7.10. ténacité au mouillé
BISFA VIF F 1962

1.7.11. ténacité au mouillé
BISFA VIF E 1962, VIK E 1965, VIK F 1965
ténacité à l'état mouillé
BISFA VIF F 1962

1.7.12. ténacité à sec
BISFA VIF F 1962

1.7.13. ténacité à sec
BISFA VIF E 1962

1.7.17. longueur de rupture d'un fil
NF G 00-002 (12.46)

1.7.18. longueur de rupture d'une échevette
NBN 634-1965

1.7.19. constante de rupture
NBN 242-1950

1.7.24. longueur de rupture moyenne d'un tissu
NF G 00-002 (12.46)

1.7.25. longueur de rupture d'une fibre
NF G 00-002 (12.46)

1.7.31. ténacité
BISFA PEF E 1961, PEF F 1961, VIF D 1962, VIF F 1962, VIF I 1962, PAC F 1963, PAF E 1963, PAF F 1963, PES F 1963, VIC E 1963, VIC F 1963, VIS E 1963, VIS F 1963, VIK F 1965, GLS E 1965, GLS F 1965, PAS F 1967, Projet 8 (5.67)

1.7.32. longueur de rupture
NF G 00-002 (12.46), G 07-003 (12.46)
ténacité
BISFA PEF E 1961, PEF F 1961, VIF F 1962, PAF E 1963, PAF F 1963, PES F 1963, VIC E 1963, VIC F 1963, VIS E 1963, VIS F 1963, VIK F 1965, GLS E 1967, GLS F 1967, PAS F 1967

1.7.33. ténacité à sec
BISFA VIF D 1962, VIF F 1962, VIF I 1962

1.7.34. ténacité à l'état mouillé
BISFA VIF F 1962, Projet 8 (5.67)
ténacité au mouillé
BISFA VIF D 1962, VIF F 1962, VIF I 1962, VIK E 1965, VIK F 1965

1.7.35. longueur de rupture à l'état hygrométrique normal
NF G 00-002 (12.46), G 07-003 (12.46)
ténacité au conditionné
BISFA VIK E 1965, VIK F 1965
ténacité à l'état conditionné
BISFA VIF F 1962, PAS E 1967, PAS F 1967
ténacité (conditionné)
BISFA PES E 1963, PES F 1963

1.7.36. longueur de rupture à l'état mouillé
NF G 00-002 (12.46), G 07-003 (12.46)
ténacité au mouillé
BISFA VIK E 1965, VIK F 1965
ténacité à l'état mouillè
BISFA VIF F 1962

1.7.37. ténacité au conditionné
BISFA VIK E 1965, VIK F 1965
ténacité (conditionnée)
BISFA PAC E 1963, PAC F 1963, PES E 1963, PES F 1963
ténacité à l'état conditionné
BISFA VIF F 1962, PAC F 1963, VIC F 1963, PAS E 1967, PAS F 1967, Projet 8 (5.67)

1.7.38. ténacité du fil conditionné
BISFA PES F 1963, VIS F 1963, PAS F 1967

1.7.39. ténacité du fil conditionné
BISFA PES F 1963, VIS F 1963, PAS F 1967

1.7.40. ténacité du fil conditionné
BISFA PES F 1963, VIS F 1963, PAS F 1967

1.7.41. ténacité au mouillé
BISFA VIS F 1963

1.7.42. ténacité au mouillé
BISFA VIS F 1963

1.7.43. ténacité au mouillé
BISFA VIS F 1963

1.7.44. ténacité du câble conditionné
BISFA VIK F 1965

1.7.45. ténacité du câble conditionné
BISFA VIK F 1965

1.7.46. ténacité du câble conditionné
BISFA VIK F 1965

1.7.47. ténacité du câble mouillé
BISFA VIK F 1965

1.7.48. ténacité du câble mouillé
BISFA VIK F 1965

1.7.49. ténacité du câble mouillé
BISFA VIK F 1965

1.7.50. ténacité à l'état anhydre
BISFA Projet 8 (5.67)

1.7.53. longueur de rupture d'un cordage
NF G 00-002 (12.46)

1.7.54. longueur de rupture d'un tissu
NF G 00-002 (12.46)

1.7.55. longueur de rupture en chaîne
NF G 00-002 (12.46), HF G 07-001 (4.44)

1.7.56. longueur de rupture en trame
NF G 00-002 (12.46), NF G 07-001 (4.44)

1.7.57. longueur totale de rupture
NF G 07-001 (4.44)

1.7.58. longueur de rupture réelle
NF G 36-009 (8.59)

1.8.2. perte de résistance au mouillé
NF G 07-003 (12.46)
perte de résistance à la rupture à l'état mouillé
NF G 00-002 (12.46)

1.8.4. gain de résistance au mouillé
NF G 07-003 (12.46)
gain de résistance à la rupture à l'état mouillé
NF G 00-002 (12.46)

1.8.5. résistance relative au mouillé
NF G 00-002 (12.46)

1.10.1. surface de la section transversale
NF T 48-103 (6.67)
aire de la section transversale initiale de l'éprouvette
NF T 48-103 (6.67)
section initiale
NF A 03-151 (PN) (10.65), A 03-351 (PN) (5.64), A 03-352 (PN) (5.64), A 03-353 (PN) (5.64), T 48-103 (6.67); VSM 77050 (1.55)
section initiale de la partie calibrée
ISO/R 190-1961, /R 400-1964, /R 401-1964, /R 402-1964, /DR 514 (5.62), /DR 930 (9.67), /DR 1132 (1.67), /DR 1136 (1.67), /DR 1555 (12.67); NF A 03-151 (PN) (10.65), A 03-160 (PN) (10.65), A 03-351 (PN) (5.64), A 03-352 (PN) (5.64), A 03-353 (PN) (5.64)
section initiale de l'eprouvette
VSM 77050 (1.55)
section initiale conventionelle de l'éprouvette
NF T 56-108 (11.65)
section de l'éprouvette
UNI 552-64

1.10.3. section après rupture
NF A 03-151 (PN) (10.65)
section minimale après rupture
ISO/DR 1132 (1.67), /DR 1136 (1.67); NF A 03-352 (PN) (5.64), A 03-353 (PN) (5.64)
section minimale de la partie calibrée après rupture
ISO/R 400-1964, /R 401-1964, /R 402-1964
section minimale de la partie calibrée
ISO/DR 514 (5.62)
section minimale après l'essai
ISO/R 190-1961; NF A 03-151 (PN) (10.65)

1.10.4. striction
NF A 03-352 (PN) (5.64)
coefficient de striction
ISO/DR 1132 (1.67); NF A 03-151 (PN) (10.65)
coefficient de striction pour cent
ISO/R 190-1961, /DR 514 (5.62), /DR 1136 (1.67); NF A 03-151 (PN) (10.65); UNI 552-64
coefficient de striction pour cent après rupture
ISO/R 400-1964, /R 401-1964, /R 402-1964
réduction de surface
ISO/DR 1422 (8.67)

1.10.5. allongement de striction
ISO/DR 514 (5.62); NF A 03-151 (PN) (10.65)
allongement de striction pour cent
ISO/R 400-1964, /R 401-1964, /R 402-1964; NF A 03-151 (PN) (10.65); UNI 552-64

1.10.6. réduction de surface
ISO/DR 1422 (8.67)

1.11.1. charge unitaire
ISO/R 190-1961, /R 400-1964, /R 401-1964, /R 402-1964, /DR 930 (9.67), /DR 1132 (1.67), /DR 1136 (1.67), /DR 1555 (12.67); NF A 03-151 (PN) (10.65), A 03-160 (PN) (10.65), A 03-351 (PN) (5.64)
charge unitaire nominale
ISO/R 190-1961, /R 400-1964, /R 401-1964, /R 402-1964, /DR 1132 (1.67), /DR 1136 (1.67), /DR 1555 (12.67)
contrainte nominale
ISO/DR 930 (9.67)
contrainte de traction
ČSN 64 0001 (12.63); DIN 7730, Bl. 1 (7.65); ISO/R 194-1961, /R 527-1966; MSZ 7587-62; VSM 77 500 (9.64)
contrainte
ISO/DR 1422 (8.67); VSM 77 500 (9.64)
tension nominale
DIN 50 100, Beibl. (11.54)

1.11.2. contrainte réelle
ISO/DR 1422 (8.67)

1.11.3. résistance à la rupture par traction
NF T 48-103 (6.67)
résistance à la traction
ČSN 64 0001 (12.63); DIN 7730, Bl. 1 (7.65); ISO/R 190-1961, /R 194-1961, /R 400-1964, /R 401-1964, /R 402-1964, /DR 514 (5.62), /DR 1132 (1.67), /DR 1136 (1.67), /DR 1422 (8.67), /DR 1555 (12.67); MSZ 7587-62; NF A 03-151 (PN) (10.65), A 03-160 (PN) (10.65), T 56-108 (11.65); VSM 77 050 (1.55)
résistance spécifique à la rupture
BISFA GLS E 1967, GLS F 1967, Projet 8 (5.67)
contrainte de traction à la charge maximale
ISO/R 527-1966
contrainte à la charge maximale
ISO/R 527-1966
contrainte de traction maximale
ISO/R 527-1966
charge unitaire maximum
UNI 552-64
tension de rupture
DIN 7730, Bl. 1 (7.65); ISO/R 194-1961; MSZ 7587-62; VSM 77 500 (9.64)

1.11.5. limite élastique
ČSN 64 0001 (1963); DIN 7730, Bl. 1 (7.65); ISO/R 194-1961, /DR 1422 (8.67); MSZ 7587-62; VSM 77 500 (9.64)

1.11.10. contrainte de traction à la rupture
ISO/R 527-1966
contrainte à la rupture
ISO/R 527-1966
charge unitaire ultime
UNI 552-64

1.11.11. charge unitaire à la limite apparente d'élasticité
ISO/DR 514 (5.62); NF A 03-151 (PN) (10.65), A 03-160 (PN) (10.65); UNI 552-64
contrainte de traction au seuil d'écoulement
ISO/R 527-1966
contrainte au seuil d'écoulement
ISO/R 527-1966
limite d'écoulement
ISO/DR 930 (9.67); VSM 77 500 (9.64)
limite élastique
DIN 7730, Bl. 1 (7.65); MSZ 7587-62; VSM 77 500 (9.64)
limite élastique (d'élasticité, d'allongement)
DIN 50 100, Beibl. (11.54)
seuil d'écoulement
ISO/DR 1422 (8.67)

1.11.12. limite proportionelle
ISO/DR 1422 (8.67)
limite de proportionnalité
ISO/DR 1422 (8.67)

1.11.13. charge unitaire à la limite d'allongement rémanent
ISO/DR 514 (5.62); NF A 03-151 (PN) (10.65), A 03-160 (PN) (10.65); UNI 552-64
charge unitaire à l'allongement rémanent prescrit
ISO/R 190-1961, /R 400-1964, /R 401-1964, /R 402-1964, /DR 1132 (1.67), /DR 1136 (1.67), /DR 1555 (12.67)
limite d'allongement rémanent
NF A 03-351 (PN) (5.64)
limite d'élasticité
NF A 03-351 (PN) (5.64)

1.11.14. charge unitaire à la limite conventionnelle d'élasticité
ISO/DR 930 (9.67); NF A 03-151 (PN) (10.65), A 03-160 (PN) (10.65), A 03-351 (PN) (5.64); UNI 552-64
charge unitaire à la limite d'élasticité conventionelle
ISO/R 190-1961, /R 400-1964, /R 401-1964, /R 402-1964, /DR 1132 (1.67), /DR 1136 (1.67), /DR 1555 (12.67)
charge conventionelle d'élasticité
ISO/DR 930 (9.67)
contrainte au seuil conventionnel d'écoulement
ISO/DR 1422 (8.67)
limite conventionelle d'elasticité
ISO/DR 514 (5.62), /DR 930 (9.67); NF A 03-351 (PN) (5.64)
résistance au seuil d'écoulement
ISO/DR 1422 (8.67)
limite d'élasticité
NF A 03-351 (PN) (5.64)

1.11.18. tension pour un allongement donné
VSM 77 050 (1.55)
tension
VSM 77 050 (1.55)

1.11.20. limite supérieure d'écoulement
ISO/DR 930 (9.67); NF A 03-151 (PN) (10.65), A 03-160 (PN) (10.65)
limite supérieure d'élasticité
IOS/DR 930 (9.67)

1.11.21. limite inférieure d'écoulement
ISO/DR 930 (9.67); NF A 03-151 (PN) (10.65), A 03-160 (PN) (10.65)
limite inférieure d'élasticité
ISO/DR 930 (9.67)

1.11.22. résistance à la rupture en fluage
ISO/DR 1422 (8.67)
résistance à la rupture en contrainte
ISO/DR 1422 (8.67)

1.11.23. résistance au fluage
ISO/DR 1422 (8.67)

1.11.32. charge donnée
VSM 77 050 (1.55)

1.12.1. longueur de l'eprouvette
NF G 07-008 (4.61)

longueur d'eprouvette
BISFA VIF F 1962, PAC F 1963, PAF F 1963, VIC F 1963, VIS F 1963
longueur initiale
BISFA PEF F 1961, VIF F 1962, PAC F 1963, PAF F 1963, PEF F 1963, VIC F 1963, VIS F 1963, VIK F 1965, GLS F 1967, PAS F 1967; NBN 242-1950; NF G 07-003 (12.46), G 36-009 (8.59)
distance entre attaches
NF G 07-003 (12.46)
distance libre entre les mâchoires
NF T 47-102 (7.63), T 47-126 (8.65)
distance initiale entre mâchoires
ISO/R 527-1966
distance entre mâchoires
ISO/R 283-1962; NF T 47-102 (7.63), T 47-131 (9.68)
longueur nominale entre repères
ISO/DR 194 III (7.63)
distance initiale entre les repères
NF T 47-102 (7.63), T 56-108 (11.65)
longueur d'essai
NBN 321-1954

1.12.2. longueur initiale entre repères
ISO/R 190-1961, /R 283-1962, /R 400-1964, /R 401-1964, /R 402-1962, /DR 514 (5.62), /DR 930 (9.67), /DR 1132 (1.67), /DR 1136 (1.67), /DR 1555 (12.67); NF A 03-151 (PN) (10.65), A 03-160 (PN) (10.65), A 03-351 (PN) (5.64), A 03-352 (PN) (5.64), A 03-353 (PN) (5.64); VSM 77 050 (1.55)
longueur entre repères
ISO/DR 1555 (12.67); NF A 03-151 (PN) (10.65), A 03-160 (PN) (10.65), A 03-351 (PN) (5.64), A 03-352 (PN) (5.64), A 03-353 (PN) 5.64); UNI 552-64
longueur initiale
VSM 77 050 (1.55)
distance entre les lignes de référence
ISO/R 527-1966
longueur de référence
ISO/DR 1422 (8.67)

1.12.7. distance entre les repères à la rupture
NF T 56-108 (11.65)

1.12.8. longueur ultime entre repères après rupture
NF A 03-352 (PN) (5.64), A 03-353 (PN) (5.64)
longueur ultime entre repères
ISO/R 190-1961, /DR 514 (5.62), /DR 1132 (1.67), /DR 1136 (1.67), NF A 03-151 (PN) (10.65), A 03-160 (PN) (10.65), A 03-353 (PN) (5.64)
longueur entre repères après rupture
ISO/R 400-1964, /R 401-1964, /R 402-1964, /DR 1555 (12.67)
distance entre les repères à la rupture
ISO/R 527-1966

1.12.9. longueur entre repères
ISO/R 190-1961, /R 400-1964, /R 401-1964, /R 402-1964, /DR 930 (9.67), /DR 1132 (1.67), /DR 1136 (1.67)

1.12.10. distance entre les repères au seuil d'écoulement
ISO/R 527-1966

1.12.11. base du mesure de l'extensomètre
ISO/DR 930 (9.67)
longueur de la partie calibrée de l'éprouvette
ISO/DR 514 (5.62), /DR 930 (9.67)

1.12.13. longueur de la partie calibrée
ISO/R 190-1961, /R 400-1964, /R 401-1964, /R 402-1964, /R 527-1966, /DR 1555 (12.67); NF A 03-151 (PN) (10.65), A 03-160 (PN) (10.65), A 03-351 (PN) (5.64), A 03-352 (PN) (5.64), A 03-353 (PN) (5.64); UNI 552-64
longueur de la partie calibrée de l'éprouvette
ISO/DR 514 (5.62)
longueur calibrée
ISO/DR 1132 (1.67)

1.12.15. longueur avant charge
NF A 03-351 (PN) (5.64)

1.12.16. longueur sous charge
NF A 03-351 (PN) (5.64)

1.12.17. longueur après décharge
NF A 03-351 (PN) (5.64)

1.13.1. allongement
ISO/DR 194 III (7.63); NF A 03-151 (PN) (10.65), A 03-351 (PN) (5.64), G 00-002 (12.46)

1.13.2. allongement à la rupture
NF G 00-002 (12.46), G 07-003 (12.46)
allongement sous la charge de rupture
ISO/DR 194 III (7. 63)

1.13.3. allongement de l'eprouvette
VSM 77 050 (1.55)
allongement à la rupture
ISO/R 194-1961, /R 527-1966, /DR 194 III (7.63); NBN 242-1950

1.13.4. allongement entre repères
DIN 7730, Bl. 1 (7.65); ISO/R 194-1961; MSZ 7587-62; VSM 77 500 (9.64)

1.13.9. allongement permanent
NF G 00-002 (12.46)

1.13.10. allongement élastique
NF G 00-002 (12.46)

1.13.11. allongement élastique limite
NF G 00-002 (12.46)

1.13.13. allongement subpermanent
NF G 00-002 (12.46)

1.13.14. fluage
ČSN 64 0001 (12.63); DIN 7730, Bl. 1 (7.65); ISO/R 194-1961; MSZ 7587-62; VSM 77 500 (9.64)

1.13.15. allongement à l'état hygrométrique normal
NF G 00-002 (12.46)

1.13.16. allongement au mouillé
NBN 242-1950; NF G 00-002 (12.46)

1.13.23. allongement rémanent après rupture
ISO/R 190-1961, /R 400-1964, /R 401-1964, /R 402-1964, /DR 1132 (1.67), /DR 1136 (1.67), /DR 1555 (12.67); NF A 03-151 (PN) (10.65), A 03-160 (PN) (10.65)

1.13.24. allongement au seuil d'écoulement
ISO/R 527-1966

1.13.25. allongement parfaitement élastique
NF G 00-002 (12.46)

1.14.1. allongement relatif
NF G 00-002 (12.46)
allongement pour cent
ISO/R 527-1966, /DR 194 III (7.63)
allongement unitaire
DIN 7730, Bl. 1 (7.65); ISO/R 194-1961; MSZ 7587-62; VSM 77 500 (9.64)
allongement (extension) de traction
DIN 50 100, Beibl. (11.54)
allongement
DIN 1332, Beibl. 1 (10.57)
déformation relative
ISO/R 194-1961, /DR 1422 (8.67); VSM 77 500 (9.64)
déformation
ISO/DR 1422 (8.67)
déformation linéaire
ISO/DR 1422 (8.67)
déformation en traction
ISO/DR 1422 (8.67)
déformation linéaire relative
ISO/DR 1422 (8.67)

1.14.2. allongement relatif à la rupture
NF G 07-003 (12.46)
allongement relatif en pour cent
NF G 07-001 (4.44)
allongement sous la charge de rupture
ISO/DR 194 III (7.63)

allongement à la rupture
BISFA PEF F 1962, VIF D 1962, VIF E 1962, VIF F 1962, VIF I 1962, PAF E 1963, PAF F 1963, PAS F 1963, PES F 1963, VIC E 1963, VIC F 1963, VIS F 1963, VIK F 1965, GLS E 1967, GLS F 1967, PAS F 1967, Projet 8 (7.65); ISO/R 283-1962; NBN 321-1954; NF G 07-008 (4.61), G 36-009 (8.59), T 56-108 (11.65)
allongement de rupture
BISFA PAC F 1963, VIC F 1963

1.14.3. allongement pour cent à la rupture
ISO/R 527-1966

1.14.3. allongement à la rupture
BISFA PEF F 1961, PEF E 1961, VIC F 1963, PAF F 1963; ČSN 64 0001 (1963); DIN 7730, Bl. 1 (7.65); ISO/R 194-1961, /DR 194 III (7.63), MSZ 7587-62; VSM 77 050 (1.55), 77 500 (9.64)
allongement à la traction
ISO/R 66-1958
facteur d'allongement à la rupture
NBN 242-1950

1.14.4. allongement sous charge de référence
ISO/R 283-1962; NF T 47-102 (7.63)
allongement pour une charge donnée
VSM 77 050 (1.55)
déformation sous charge
DIN 7730, Bl. 1 (7.65); ISO/R 194-1961; MSZ 7587-62; VSM 77 500 (9.64)

1.14.6. allongement rémanent pour cent
ISO/R 190-1961, /R 400-1964, /R 401-1964, /R 402-1964, /DR 514 (5.62), /DR 1132 (1.67), /DR 1136 (1.67); NF A 03-151 (PN) (10.65), A 03-160 (PN) (10.65),
déformation permanente
ČSN 64 0001 (12.63); DIN 7730, Bl. 1 (7.65); ISO/R 194-1961; MSZ 7587-62; VSM 77 500 (9.64)
déformation plastique
ČSN 64 0001 (12.63); DIN 7730, Bl. 1 (7.65); ISO/R 194-1961; MSZ 7587-62; VSM 77 500 (9.64)
déformation non élastique
DIN 7730, Bl. 1 (7.65); ISO/R 194-1961; MSZ 7587-62; VSM 77 500 (9.64)
allongement (extension) permanente
DIN 50 100, Beibl. (11.54)
allongement plastique
DIN 50 100, Beibl. (11.54)
écart
ISO/DR 1422 (8.67)

1.14.7. allongement élastique relatif
NF G 00-002 (12.46)
déformation élastique
ČSN 64 0001 (12.63); DIN 7730, Bl. 1 (7.65); ISO/R 194-1961; MSZ 7587-62; VSM 77 050 (9.64)

1.14.8. allongement élastique limite relatif
NF G 00-002 (12.46)

1.14.9. allongement à la rupture à l'état conditionné
BISFA PAS E 1967, PAS F 1967; NF G 07-008 (4.61)
allongement à la rupture (conditionné)
BISFA PAC E 1963, PAC F 1963, PES D 1963, PES E 1963, PES F 1963, VIS E 1963, VIS F 1963, VIK E 1965, VIK F 1965
allongement de rupture à l'état conditionné
BISFA PAC F 1963, VIC F 1963, GLS F 1967, Projet 8 (5.67)

1.14.13. allongement à la rupture à l'état mouillé
BISFA Projet 8 (5.67); NF G 07-008 (4.61)
allongement à la rupture (à l'état mouillé)
BISFA VIF E 1962, VIS E 1963, VIS F 1963
allongement à la rupture au mouillé
BISFA VIF D 1962, VIF F 1962, VIF I 1962
allongement à la rupture (au mouillé)
BISFA VIK E 1965, VIK F 1965
allongement à l'état mouillé
BISFA VIF F 1962

1.14.14. allongement à la rupture au mouillé
BISFA VIF F 1962

1.14.16. allongement à la rupture à sec
BISFA VIF D 1962, VIF F 1962, VIF I 1962
allongement à la rupture (à l'état sec)
BISFA VIF E 1962

1.14.17. allongement à la rupture à sec
BISFA VIF F 1962

1.14.19. allongement à la rupture à l'état anhydre
BISFA Projet 8 (5.67)

1.14.22. allongement à la rupture des fibres
NF G 07-008 (4.61)

1.14.28. limite élastique
ČSN 64 0001 (1963); DIN 7730, Bl. 1 (7.65); ISO/R 194-1961; MSZ 7587-62;
tension limite
VSM 77 500 (9.64)

1.14.29. allongement pour cent après rupture
ISO/R 190-1961, /R 400-1964, /R 401-1964, /R 402-1964, /DR 1132 (1.67), /DR 1136 (1.67), /DR 1555 (12.67); NF A 03-151 (PN) (10.65), A 03-160 (PN) (10.65); UNI 552-64
allongement rémanent pour cent
ISO/DR 514 (5.62), /DR 1555 (12.67)

1.14.32. écart permanent
ISO/DR 1422 (8.67)

1.14.36. fluage
ISO/DR 1422 (8.67)
fluage à froid
ISO/DR 1422 (8.67); VSM 77 500 (9.64)

1.14.37. allongement moyen à la rupture
NF G 07-008 (4.61)

1.14.38. allongement rémanent
NF A 03-351 (PN) (5.64)
limite élastique
ČSN 64 0001 (1963); DIN 7730, Bl. 1 (7.65); ISO/R 194-1961; MSZ 7587-62

1.14.43. fluage primaire
ISO/DR 1422 (8.67)

1.14.44. fluage secondaire
ISO/DR 1422 (8.67)

1.14.45. fluage tertiaire
ISO/DR 1422 (8.67)

1.14.46. recouvrance
ISO/DR 1422 (8.67)

1.14.47. recouvrance instantanée en fluage
ISO/DR 1422 (8.67)
recouvrance élastique
ISO/DR 1422 (8.67)

1.14.48. déformation instantanée en fluage
ISO/DR 1422 (8.67)
déformation élastique
ISO/DR 1422 (8.67)

1.14.49. allongement sous charge déterminée à l'état conditionné
BISFA PAC F 1963, VIC F 1963
allongement à × kg
NBN 321-1954

1.14.51. allongement non proportionnel limite
NF A 03-151 (PN) (10.65), A 03-160 (PN) (10.65), A 03-351 (PN) (5.64)
allongement non proportionnel prescrit
ISO/R 190-1961, /R 400-1964, /R 401-1964, /R 402-1964, /DR 1132 (1.67), /DR 1136 (1.67), /DR 1555 (12.67)

1.14.51. seuil d'écoulement spécifié
ISO/R 527-1966

1.14.55. allongement pour cent au suil d'écoulement
ISO/R 527-1966

1.14.57. allongement rémanent limite
NF A 03-151 (PN) (10.65), A 03-160 (PN) (10.65)
allongement rémanent prescrit
ISO/R 190-1961, /R 400-1964, /R 401-1964, /R 402-1964, /DR 1132 (1.67), /DR 1136 (1.67), /DR 1555 (12.67)

1.14.58. allongement pour cent rémanent après la limite d'élasticité
NF A 03-160 (PN) (10.65)

1.14.59. allongement entre repères
DIN 7730, Bl. 1 (7.65); ISO/R 194-1961; MSZ 7587-62; VSM 77 500 (9.64)

1.14.60. allongement sous charge déterminée
BISFA PAC F 1963, VIF F 1963, VIC E 1963, VIC F 1963, GLS F 1967, Projet 8 (5.67)

1.14.61. allongement de rupture du câblé
BISFA PAC F 1963

1.14.62. allongement de rupture du câblé à l'état conditionné
BISFA PAC F 1963, VIC F 1963

1.14.63. allongement sous charge déterminée du câblé
BISFA PAC F 1963

1.14.64. allongement sous charge déterminée du câblé à l'état conditionné
BISFA PAC F 1963, VIC F 1963

1.14.65. allongement à la rupture du fil conditionné
BISFA PES F 1963, VIS F 1963, PAS F 1967

1.14.67. allongement de rupture du câblé à l'état séché au four
BISFA VIC F 1963

1.14.68. allongement sous charge déterminée du câblé à l'état séché au four
BISFA VIC F 1963

1.14.69. allongement à la rupture du fil mouillé
BISFA VIS F 1963

1.14.70. allongement à la rupture du câble conditionné
BISFA VIK F 1965

1.14.71. allongement à la rupture du câble mouillé
BISFA VIK F 1965

1.14.72. accroisement soudain
ISO/DR 930 (9.67)

1.14.73. déformation totale pendant l'écoulement
ISO/DR 930 (9.67)

1.14.74. allongement à la rupture des fibres à l'état conditionné
NF G 07-008 (4.61)

1.14.75. allongement moyen à la rupture des fibres
NF G 07-008 (4.61)

1.14.76. allongement à la rupture des fibres à l'état mouillé
NF G 07-008 (4.61)

1.14.77. allongement pour cent sous charge
NF A 03-351 (PN) (5.64)

1.14.78. allongement de rupture par fluage
NF A 03-352 (PN) (5.64)
allongement de rupture
NF A 03-352 (PN) (5.64)

1.16.1. diagramme »allongement — charge«
ISO/DR 194 III (7.63); NF G 00-002 (12.46)
courbe »allongement — charge«
NF G 07-003 (12.46)
courbe charge — allongement
ISO/R 527-1966

1.16.2. courbe contrainte — déformation
ISO/R 527-1966, /DR 1422 (8.67)
diagramme contrainte — déformation
ČSN 64 0001 (12.63); DIN 7730, Bl. 1 (7.65); ISO/R 194-1961; MSZ 7587-62; VSM 77 500 (9.64)
courbe contrainte — allongement
ISO/DR 930 (9.67)

1.16.3. cycle d'hystérésis
NF G 00-002 (12.46)
cycle d'hystérésis (d'hystérése)
DIN 50 100, Beibl. (11.54)

1.16.7. seuil d'écoulement
ISO/R 527-1966

1.16.9. seuil d'écoulement conventionnel
ISO/R 527-1966

1.16.11. diagramme »allongement — charge«
BISFA PAC F 1963, VIC F 1963, GLS F 1967

1.17.1. module d'élasticité
ČSN 64 0001 (12.63); DIN 1332, Beibl. 1 (10.57), 7730, Bl. 1 (7.65); ISO/R 194-1961, /DR 1422 (8.67); MSZ 7587-62; VSM 77 500 (9.64)
module élastique
ISO/DR 1422 (8.67)
module de Young
ISO/DR 1422 (8.67)
module d'élasticité de Young
ISO/DR 1422 (8.67)

1.17.2. module tangent
ISO/DR 1422 (8.67)

1.17.3. module entre deux points
ISO/DR 1422 (8.67)

1.17.4. module tangent initial
ISO/DR 1422 (8.67)
module d'élasticité
ISO/R 527-1966

1.17.7. module d'élasticité à la traction
NF G 00-002 (12.46)
module de traction
NF G 00-002 (12.46)
module en traction
ČSN 64 0001 (1963); DIN 7730, Bl. 1 (7.65); ISO/R 194-1961; MSZ 7587-62; VSM 77 500 (9.64)

1.17.11. module sécant
ISO/DR 1422 (8.67)

1.18.1. travail d'allongement
NF G 00-002 (12.46)

1.18.2. capacité de travail total
NF G 00-002 (12.46)

1.18.4. capacité de travail élastique
NF G 00-002 (12.46)

1.20.1. temps moyen de rupture
NF G 07-008 (4.61)
temps d'essai
NF G 00-002 (12.46)
durée de rupture
ISO/DR 194 III (7.63), /DR 1806 (1.69)
durée moyenne de rupture
BISFA PAF F 1963; NBN 321-1954
durée des essais
NBN 634-1965
durée totale de rupture
BISFA PEF F 1961, PAF F 1963, PES F 1963, VIS F 1963, VIK F 1965

1.20.2. régime de mise en charge
NF G 00-002 (12.46)
gradient constant de charge
ISO/DR 194 III (7.63)

1.20.3. vitesse de l'élément mobile du dynamomètre
NF G 36-009 (8.59)
vitesse constante de déplacement de la pince de traction
BISFA VIS F 1963
vitesse d'essai
ISO/R 527-1966

1.20.4. vitesse d'écartement des mâchoires
NF T 47-102 (7.63), T 47-126 (8.65), T 47-131 (9.68), T 48-103 (6.67)
vitesse de déplacement de la mâchoire mobile
NF G 07-001 (4.44), G 07-055 (11.61)

vitesse de déplacement du dispositif mobile
NF G 07-055 (11.61)
vitesse de déplacement de l'attache mobile
NF G 07-003 (12.46), G 28-001 (1.67)
vitesse d'accroisement de l'allongement
VSM 77 050 (1.55)
vitesse de déformation
ISO/DR 930 (9.67)
vitesse d'allongement relatif
ISO/R 527-1966

1.20.5. vitesse de fluage
ISO/DR 1422 (8.67)

1.20.6. vitesse d'application de la charge
ISO/R 400-1964, /R 401-1964, /R 402-1964, /DR 1555 (12.67)
vitesse de la machine
ISO/R 190-1961, /DR 1132 (1.67)
vitesse d'essai
ISO/DR 1136 (1.67)

1.20.13. vitesse d'allongement constante
SNV-ASN 198 681 (2.E.9.69); VSM 77 051 (11.56)
vitesse constante à la longueur déterminée
SNV-ASN 198 681 (2.E.9.69)
gradient constant d'allongement
ISO/DR 1806 (1.69)

1.20.14. vitesse moyenne de contrainte
DIN 7730, Bl. 1 (7.65); ISO/R 194-1961; MSZ 7587-62; VSM 77 500 (9.64)

1.20.15. durée moyenne de rupture
ISO/DR 1806 (1.69)

1.20.16. gradient constant de force
ISO/DR 1806 (1.69)

1.20.17. vitesse constante de déplacement
ISO/DR 1806 (1.69)

Internationales Symposium über Makromoleküle, Helsinki 1972

DK 061.3.055.1„1972"(480):678.4/.8:66.095.26:678.01:541.8

Vom 2. bis 7. Juli 1972 fand in Helsinki das „International Symposium on Macromolecules" der IUPAC statt. Es wurde von etwa 800 Personen aus fast allen europäischen Ländern sowie aus den USA, Kanada, Mexiko, Brasilien, Israel, der Türkei und dem Iran besucht.

Die Tagung beschäftigte sich mit Themen aus dem gesamten Gebiet der Polymerforschung. Es wurden insgesamt in fünf parallel tagenden Sektionen 26 Hauptvorträge mit Übersichtscharakter und mehr als 400 Kurzvorträge gehalten und diskutiert. Die fünf Sektionen beschäftigten sich mit den Themen:

- Polymerisations- und Copolymerisationsreaktionen,
- Lösungseigenschaften und Charakterisierungsmethoden von Polymeren,
- Eigenschaften fester Polymerer,
- Abbau und Zersetzung von Polymeren,
- Cellulose und Polysaccharide.

Anschließend wird kurz über die Hauptvorträge und über hervorstechende Themen der Kurzvorträge sowie Diskussionen in den einzelnen Sektionen berichtet.

In der Eröffnungssitzung, die in Gegenwart des finnischen Staatspräsidenten stattfand, hielt *H. Mark*, USA, einen Festvortrag mit dem Titel „Neue Polymere — neue Einsatzgebiete". Zu Beginn stellte er fest, daß Polymere bisher vorwiegend in Lösung untersucht, jedoch überwiegend im festen Zustand eingesetzt worden seien. Am Beispiel der Kettensteifigkeit belegte er diese Feststellung und gab eine kurzgefaßte Darstellung der Entwicklung hochtemperaturbeständiger Polymerer. Dabei ging er besonders auf Polyphenylene, aromatische Polyamide, verschiedene Leiterpolymere sowie C-Fasern ein. An einer Kollektion von hochtemperaturbeständigen Garnen, Geweben und Folien, Flaschen und Rohren demonstrierte er den auf diesem Gebiet erreichten Stand.

In der Sektion I „Polymerisations- und Copolymerisationsreaktionen" war das Vortragsangebot am umfangreichsten. Der Vortrag von *G. Smets*, Belgien, „Chemische Isomerisierung und Kettensegmentbeweglichkeit" zeigte in eindrucksvoller Weise, welche Möglichkeiten sich der präparativen Polymerchemie durch Kombination verschiedener Denkrichtungen, in diesem Falle der Fotochemie und der Mechanochemie, bieten. Ein spezielles Fotochrom wurde zum einen mechanisch-physikalisch in eine Polymermatrix, zum anderen chemisch als mittelständige Gruppe in eine Polymerkette eingebaut. Je nach Art des Einbaus ließ sich über die Isomerisierungsreaktion des Fotochroms auf die Segmentbeweglichkeit des umgebenden Materials schließen. Bemerkenswert sind vor allem mechanische Effekte, die während der Isomerisierungsreaktion eines in eine Vinylkette eingebauten Disfotochroms beobachtet wurden.

In seinem Vortrag über „Nichtäquimolare Stoffzusammensetzung bei der Polymerisation von Ladungsübertragungskomplexen" berichtete *N. G. Gaylord*, USA, über seine Untersuchungen, die sich mit der Polymerisation von Styrol, Methylmethacrylat und Acrylnitril in Gegenwart von Zinkchlorid als Komplexbildner sowie mit der kationischen Polymerisation in Gegenwart von Aluminiumtrichlorit beschäftigen.

W. Heitz, BRD, sprach über „Herstellung von Oligomeren mit funktionellen Endgruppen durch Polymerisationsreaktionen". Solche Oligomeren sind als Modellsubstanzen und als Zwischenprodukte für den Aufbau neuer Polymerer von Interesse.

Über die „Kontrolle der Monomerreaktivität bei der Copolymerisation" berichtete *J. Furukawa*, Japan. Die aus Monomergemischen entstehende Art eines Copolymeren hängt vom vorliegenden Reaktionsmechanismus, speziell von der Natur der elektronischen Umgruppierung im Wachstumsschritt ab. Dabei lassen sich Komplexbildung, koordinative Einschubreaktionen und ionische Mechanismen unterscheiden. Die höchste Selektivität besitzen die koordinativen Mechanismen; am besten zu beeinflussen sind die ionischen. Es wurden einige Beispiele der Copolymerisationssteuerung an Systemen von Acrylester bzw. Acrylnitril und Dienen bzw. Styrol beschrieben.

Mit Problemen der Steuerung von Polymerisationsprozessen durch neue Katalysatorsysteme beschäftigte sich auch der Vortrag von *J. P. Kennedy*, USA, „Alkylaluminium-Verbindungen bei der Carboniumionen-Polymerisation". Der Autor behandelte die Polymerisation verschiedener Olefine.

J. K. Stille, USA, sprach über die „Synthese hochtemperaturbeständiger Makromoleküle durch Polykondensation". Er gab einen Überblick über die Synthese und die Eigenschaften von Polyphenylphenylenen, Polychinoxalinen und Polypyrazinen.

In den Kurzvorträgen der Sektion I überwogen Arbeiten zur Steuerung klassischer Polymerisationsverfahren durch Variation der Polymerisationsbedingungen und den Einsatz neuer Katalysatoren. Bestimmte Mittelwerte und Verteilungen der relativen Molekülmasse sowie die Stereoregulierung lassen sich auf diese Weise erreichen. Über grundsätzlich neue Polymerisationsverfahren wurde kaum berichtet.

Internationales Symposium über Makromoleküle, Helsinki 1972

In der Sektion II „Lösungseigenschaften und Charakterisierungsmethoden von Polymeren" standen methodische Arbeiten im Vordergrund.

K. Kamide, Japan, gab einen Überblick über die „Molmassen-Fraktionierung von Makromolekülen auf der Basis der Löslichkeit". Ausführlich behandelte er die sukzessive fraktionierte Fällung und die sukzessive fraktionierte Lösung. Die letztere läßt sich auch für den Fall starker Konzentrationsabhängigkeit der Wechselwirkungsparameter korrekt auswerten.

Über die „Anwendung physikalischer Methoden zur Charakterisierung der Konformation von Polymeren in Lösung" berichtete *C. A. Overberger*, USA. Für seine Untersuchungen benutzte er Polyamide aus optisch aktiven Monomeren.

G. N. Vinogradov, UdSSR, trug über „Rheologische Eigenschaften monodisperser Polymerer, ihrer Mischungen und Lösungen" vor. An Polyisobutylen, Polystyrol, Polybutadien und an Lösungen dieser Polymeren in verschiedenen Lösungsmitteln untersuchte er das Fließen, das viskoelastische sowie das Relaxations-Verhalten. In einem Kurzfilm wurde der Einfluß der rel. Molekülmasse und ihrer Verteilung auf das stetige Fließen von Polymeren in sehr eindrucksvoller Weise beschrieben.

Ein Hauptvortrag von *B. A. Dolgoplosk*, UdSSR, mit dem Titel „Prinzipielle Gemeinsamkeiten der stereospezifischen Copolymerisation von Dienen und der Mechanismus der Stereoregulierung" hätte eigentlich in die Sektion I gehört. Es wurde über den Einfluß verschiedener Katalysatorsysteme auf die Stereoregulierung von Polybutadienstrukturen in Butadien/Styrol-Copolymerisaten berichtet.

V. A. Kabanov, UdSSR, sprach über „Kooperative Wechselwirkungen komplementärer synthetischer Makromoleküle in Lösung", ein sowohl für Biochemie als auch Biophysik wichtiges Thema. Durch eine Matrixsynthese wurden mittels vorher in das Reaktionsgefäß eingebrachter Makromoleküle neue Makromoleküle gebildet. Dabei entstehen stabile Assoziate.

Aus dieser Sektion sind an Hauptvorträgen noch zu erwähnen: *W. H. Stockmayer*, USA, „Dynamik der Kettenmoleküle", und ein Festvortrag von *M. L. Huggins*, USA, „50 Jahre Polymerchemie".

Das Studium der Kettenstruktur und der zwischenmolekularen Wechselwirkung in Polymerlösungen stand bei den Kurzvortrags- und Diskussionsveranstaltungen im Vordergrund. Neben den resonanzspektroskopischen Methoden waren auch die Lichtstreuung und Viskositätsmessungen stark vertreten.

In der Sektion III „Eigenschaften fester Polymerer" wurden nur drei Hauptvorträge angeboten, wobei der Vortrag von *R. Koningsveld*, Niederlande, „Thermodynamik der Phasenübergänge in vielkomponentigen Polymer-Flüssigkeiten", der sich mit der theoretischen Beschreibung und experimentellen Charakterisierung solcher Systeme befaßte, thematisch in die Sektion II gehörte.

In einem stark beachteten Vortrag sprach *A. Peterlin*, USA, über „Morphologie und mechanische Eigenschaften kristalliner Polymerer". In diesem Übersichtsreferat bewies er anhand umfangreichen experimentellen Materials die These, daß das für die weitaus meisten Anwendungsfälle interessante mechanische Verhalten von Polymeren hauptsächlich von den amorphen Anteilen, ihrer Verteilung und ihrer Struktur bestimmt wird.

P. Corradini, Italien, berichtete über Untersuchungen zum „Konformations-Isomorphismus bei kristallinen Polymeren". Er beschrieb anhand mehrerer Beispiele, wie sich ungewöhnliche gemessene Konformationen als Mittelwerte aus zwei oder mehr möglichen Konformationen deuten lassen. Die Tatsache, daß auch an gestreckten oder fast gestreckten Ketten viele Konformationsänderungen möglich sind, hat Konsequenzen für die Unterscheidung von „kristallinem" und „amorphem" Material.

In den Kurzvorträgen der Sektion III wurde das gewachsene Interesse am amorphen Zustand von Polymeren deutlich. Besondere Beachtung fanden Beiträge über die Ordnungserscheinungen in nicht kristallisierenden Polymeren sowie in Schmelzen und abgeschreckten Proben kristallisierender Polymerer sowie über die Konformation amorpher Anteile in teilkristallinen Polymeren. Daneben standen Beiträge über thermodynamische Fragen, über Kristallisationskinetik und Morphologie teilkristalliner Polymerer.

Die Sektion IV beschäftigte sich mit „Abbau und Zersetzung von Polymeren". Über „Thermooxydativen Abbau von aromatischen heterocyclischen Polymeren" sprach *R. T. Conley*, USA. Er versuchte mit ausführlichen experimentellen Untersuchungen zur Oxydationspyrolyse anhand der Bildung flüchtiger Spaltprodukte und der Entstehung neuer Strukturformen eine Aufklärung des Oxydationsverlaufs für aromatische, stickstoffhaltige Polymere. Bei der unter den gewählten Bedingungen vorherrschenden radikalischen Initiierung erfolgt der Angriff primär am aliphatischen Teilstück des Makromoleküls.

F. H. Winslow, USA, gab eine Zusammenfassung der Ergebnisse von im größten Maßstab durchgeführten Versuchen zur „Bewitterung von Polyolefinen". Bei diesen Versuchen zeigte sich u. a., daß gleichzeitig ablaufende fotolytische, thermische und oxydative Abbauvorgänge auch grundsätzlich komplex ausgewertet werden müssen, weil sie nicht unabhängig voneinander verlaufen.

Ein Übersichtsvortrag von *G. Scott*, Großbritannien, „Fotoinitiierter Abbau von Polymeren" beschäftigte sich am ausführlichsten mit dem Einfluß von Metallverbindungen auf den Abbau und mit der Deutung der zugrunde liegenden Mechanismen.

F. Tüdos, VR Ungarn, sprach zu dem Thema „Untersuchungen zur Kinetik und dem Mechanismus des PVC-Abbaus". Es wurde der Verlauf der HCl-Abspaltung im PVC ausführlich erläutert und ein Mechanismus für die primäre HCl-Abspaltung vorgeschlagen.

Ein wiederum nicht ganz glücklich eingeordneter Hauptvortrag von *P. H. Plesch*, Großbritannien, „Eine neue Theorie der Initiierung durch Aluminiumhalogenide", beschäftigte sich mit dem Start kationischer Polymerisationsvorgänge ohne Cokatalysator. Bei Einsatz von Aluminiumhalogeniden wird die Polymerisation z. B. des Isobutylens zwar initiiert, die Reaktion endet aber bereits bei sehr kleinen Umsätzen. Der Vortragende deutete diese Tatsache durch die Annahme, daß der größte Teil des Katalysators mit dem Olefin einen Komplex bildet und auf diese Weise desaktiviert wird.

Die Kurzvorträge und Diskussionen in der Sektion IV zeigten, daß bei der Untersuchung des Schädigungsverhaltens nicht mehr so sehr die empirische Feststellung der unter dem Einfluß der Umweltbedingungen eingetretenen Schädigungen im Vordergrund steht. Stattdessen wird die Aufklärung der Abbaumechanismen stärker betrieben, weil man auf diesem Wege hofft, einerseits die Vorhersage des Schädigungsverhaltens, andererseits die gezielte Stabilisierung polymerer Werkstoffe zu ermöglichen.

Die Cellulosechemie war mit einer eigenen Sektion „Cellulose und Polysaccharide" vertreten.

E. Claesson, Schweden, gab in seinem Vortrag: „Die Thermodynamik und Dynamik des Cellulosemoleküls" einen umfassenden Überblick über neuere Ergebnisse der physikochemischen Forschung auf dem Cellulosegebiet in den skandinavischen Ländern. Neben Fragen der Struktur und der Wasseranlagerung in fester Cellulose behandelte der Vortrag ausführlich Untersuchungen an Celluloselösungen.

Über „Polysaccharide als Modelle für stereoreguläre Polymere" sprach *E. Husemann*, BRD. Polysaccharide sind sehr geeignete Modellsubstanzen, weil sie streng stereoregulär aufgebaut sind, den bequemen Aufbau polymerhomologer

Reihen unterschiedlicher rel. Molekülmasse erlauben und durch Derivatbildung die Variation der Kettensteifheit und anderer Eigenschaften in Lösung gestatten. An einer Reihe von Beispielen zeigte die Vortragende, wie sich diese Eigenschaften ausnutzen lassen. Bemerkenswert daran war, wie sich durch komplexen Einsatz chemischer und physikalischer Methoden neue Aussagemöglichkeiten für die Cellulosechemie ergaben.

Ähnliche Probleme standen auch im Vortrag von *B. Lindberg*, Schweden, „Neue Methoden der Strukturchemie der Polysaccharide" im Mittelpunkt. An einer Vielzahl von Beispielen wurde die wachsende Bedeutung der instrumentellen Analytik, insbesondere der Massenspektroskopie und der Gaschromatographie, und verschiedener Methodenkombinationen für die Strukturaufklärung bei Polysacchariden erläutert.

D. Feldman, SR Rumänien, trug über „Einige Aspekte der Pfropfung von Cellulose und ihrer Derivate mit Vinylmonomeren" vor. Der Vortrag, der Übersichtscharakter trug, ging ausführlich auf die Pfropfung mit Acrylnitril sowie auf die Herstellung gepfropfter Celluloseester ein.

Bei den Kurzvorträgen dieser Sektion dominierten Arbeiten zur molekularen und übermolekularen Struktur und zum Quell-, Abbau- und Lösungsverhalten verschiedener Substanzen.

Der überwiegende Teil aller Vorträge beschäftigte sich mit Problemen, die der Grundlagenforschung zugeordnet werden müssen. Einige Vorträge, wie die bereits erwähnten von *J. K. Stille*, *B. A. Dolgoplosk* und *A. Peterlin* gingen aber weit über diesen Rahmen hinaus und zeigten die Möglichkeiten der Polymerforschung in der Praxis, d. h. in der industriellen Anwendung.

Auf der Tagung wurde kaum über prinzipiell neue Polymere oder Syntheseverfahren vorgetragen. Die größten Aktivitäten scheinen heute auf dem Gebiet der Verbesserung der Herstellung und der Eigenschaften bekannter Polymerer zu liegen. Die Kombination von Polymeren (Polymerlegierungen) gewinnt ebenso wie der komplexe Einsatz der Charakterisierungsmethoden an Gewicht. Auffällig war, welch hoher mathematischer Aufwand für die Darstellung und Auswertung von Meßergebnissen betrieben wurde.

Die auf der Tagung gehaltenen Hauptvorträge werden in „Pure and Applied Chemistry" erscheinen. Für die Kurzvorträge liegen ausführliche Preprints vor; die meisten werden in einem Symposiumsband des „Journal of Polymer Science" erscheinen. *R. Hirte*

Neue Bücher

The Science and Technology of Polymer Films. Hgg. von *Orville J. Sweeting.* Vol. I. New York/London/Sydney/Toronto: Interscience Publ./Wiley and Sons. XII, 887 S. Lwd. £ 17,60.

Die Produktion von Folien für die verschiedensten Anwendungsgebiete, besonders aber für den Verpackungssektor, hat im letzten Jahrzehnt einen enormen Aufschwung genommen. Das in der Reihe „Polymer Engineering and Technology" erschienene zweibändige Werk stellt sich daher das Ziel, alle wissenschaftlich und technologisch relevanten Fakten, vor allem auf dem Gebiet der Verpackungsfolien, zusammenzustellen. Es soll sowohl den Anfänger in dieses Gebiet einführen als auch dem Spezialisten von Nutzen sein. Der erste Band befaßt sich fast ausschließlich mit den wissenschaftlichen Grundlagen und Fragen der Analytik.

In den ersten drei Kapiteln werden die Geschichte, die allgemeinen Anforderungen an die Eigenschaften von Filmen, der molekulare Aufbau filmbildender Polymerer und die Eignung synthetischer Polymerer zur Filmbildung von der chemischen Zusammensetzung, dem Molekülaufbau und der Morphologie her diskutiert.

Das 4. Kapitel ist den natürlichen filmbildenden Polymeren gewidmet und umfaßt die Cellulosechemie, die Eigenschaften der Viskose für die Cellophanherstellung, die Eigenschaften von Cellophan und weiteren natürlichen Polymeren, die eine potentielle Eignung als Filmbildner besitzen, wobei der Schwerpunkt bei Hydroxyäthylcellulose liegt.

Im 5. Kapitel werden die Möglichkeiten, von anorganischen Polymeren aus z. B. über Chelatstrukturen zu Filmen zu gelangen, und mögliche filmbildende Eigenschaften von B, Si, S und P enthaltenden Polymeren diskutiert.

Kapitel 6 streift kurz die theoretischen Grundlagen der Rheologie von Schmelzen und die einschlägigen Meßmethoden. Der Bestimmung der molekularen Orientierung, des Schallmoduls, der Doppelbrechung, des IR-Dichroismus und der Sphärolithdeformation wird im Kapitel 7 ein breiter Raum gewidmet.

Kapitel 8 hat die Technologie der Filmherstellung durch Extrusion zum Gegenstand und beschreibt die konstruktiven Einzelheiten von Schlitzdüsen, die verschiedenen Blastechniken sowie Einflußgrößen, die die Filmeigenschaften beeinflussen. Kapitel 9 befaßt sich mit den technologisch wichtigen Fragen der Reibung und Schmierung bei der Herstellung und Verarbeitung von Folien, den Meßmethoden und Hinweisen zur Herabsetzung der Reibung bei einzelnen Filmtypen. Auf die verschiedenen Orientierungstechniken wird kurz in Kapitel 10 eingegangen.

Im 11. Kapitel werden die Ausrüstungen für Beschichtungszwecke ausführlich beschrieben und einige Anwendungsgebiete gestreift. Abschließend werden Einflußgrößen und Grenzen der verschiedenen Methoden sehr übersichtlich in einer Tabelle zusammengefaßt. Die Eigenschaften und die Identifizierung von kommerziellen Filmtypen werden in Kapitel 12 beschrieben. Eine Tabelle des in der Literatur erwähnten Identifizierungsganges wäre hier angebracht gewesen.

In Kapitel 13 wird sehr ausführlich auf die einzelnen Meßmethoden zur Prüfung der physikalischen Eigenschaften eingegangen.

Die Kapitel 14 und 15 befassen sich mit der analytischen Chemie der Cellulose und der Vinylpolymeren. In vielen Fällen werden Arbeitsvorschriften und Rechenformeln zur Bestimmung von funktionellen Gruppen angegeben. Weitere Themenkreise sind: IR-Spektroskopie, Molmassebestimmungen, Thermogravimetrie und chromatographische Methoden.

Das letzte Kapitel ist auf die USA zugeschnitten und enthält die einschlägigen gesetzlichen Bestimmungen der Food and Drug Administration über den Einsatz von Polymeren im Kontakt mit Lebensmitteln. Eine Tabelle zulässiger Lebensmitteladditive sowie zulässiger Substanzen in Lebensmittelverpackungen rundet das Kapitel ab.

Der graphisch gut aufgemachte, 887 Seiten umfassende und von 20 Fachleuten führender Filmproduzenten der USA verfaßte Band gibt einen ausgezeichneten Überblick über die anstehende Problematik. Gerade deshalb erscheinen einige kritische Anmerkungen angebracht. Der sehr lesenswerte Band hätte durch eine straffere Redaktion vielleicht etwas an Umfang verloren, aber an Prägnanz gewonnen. Das betrifft beispielsweise Überschneidungen bei der Behandlung des Schallmoduls, der Doppelbrechung, der Reibungsmessung usw. in den Kapiteln 6, 7, 12, 13.

Diese kleinen Mängel schmälern in keiner Weise den Wert des Bandes, der einen ausgezeichneten Einblick in die Problematik vermittelt und sowohl dem Neuling als auch dem Fachmann bestens empfohlen werden kann. *H. Herma*

Textile Guide to Europe 1972. 2nd Ed. Park Ridge: Noyes Data Corporation 1972. V, 290 S. brosch. $ 24,—

Dieser „Textilführer" ist eine stark erweiterte Ausgabe von zwei im Jahre 1970 erschienenen Handbüchern des Verlages, die das Textilwesen und das Gebiet der Wirk- und Strickwaren behandelten. Die neue Ausgabe berichtet über mehr als 2500 führende Faserstoff-, Gewebe-, Maschen- und

Wirkwarenhersteller in 18 Ländern von Westeuropa. Die Firmen sind innerhalb der Länder nach dem Alphabet geordnet. Jedem Land ist eine zusammenfassende Betrachtung des Umfanges und der wirtschaftlichen Bedeutung seiner Textilindustrie mit entsprechenden Zahlenübersichten vorangestellt.

Soweit sie verfügbar waren, sind bei jeder Firma Angaben über die genauen Anschriften, die Eigentumsverhältnisse, den Umsatz und die Zahl der Mitarbeiter, den Sitz der Betriebe und die leitenden Persönlichkeiten, das Erzeugungsprofil und — allerdings nur selten — einheimische und ausländische Beteiligungen angegeben. Wie bei allen auf Umfragen beruhenden Statistiken, sind die Angaben z. T. lückenhaft. Trotzdem gibt das Buch einen weitgefaßten Überblick über die westeuropäische Textilindustrie, die für erste Informationen nützlich sein mag. *B.*

Anionnaja Polimerizacija (Anionische Polymerisation). Von *M. Szwarc.* Übersetzung aus dem Englischen von Dr. *A. A. Arest-Jakubovič,* Dr. *Al. Al. Berlin* und Dr. *E. F. Olejnik* unter der Redaktion und mit einem Vorwort des korrespondierenden Mitglieds der Akademie der Wissenschaften der UdSSR *N. S. Enikolopjan.* Moskva: Izd. Mir 1971. 669 S. Lwd. 4 Rb. 61 K.

Das Buch stellt eine sowohl in fachlicher als auch in stilistischer Hinsicht ausgezeichnete Übersetzung des im Jahre 1968 im Verlag „Interscience Publisher", New York/London, Sydney/Toronto unter dem Originaltitel: „Carbanions Living Polymers and Electron Transfer Processes" erschienenen Werkes von *M. Szwarc* dar[1]). Bei diesem Werk handelt es sich um eine bis jetzt einmalig hervorragende Monographie auf dem Gebiet der ionischen Polymerisation, deren besonderer Wert — wie von *N. S. Enikolopjan* in seinem Vorwort zu der russischen Übersetzung unterstrichen wird — darin besteht, daß von dem Verfasser durch eine tiefgreifende Betrachtung der Gesetzmäßigkeiten der anionischen Polymerisation ein Weg zum Verständnis der allgemeinen Gesetzmäßigkeiten ionischer Polymerisationsvorgänge gebahnt wird. Im übrigen soll auf die hohe Einschätzung dieses Werkes und seiner Bedeutung in wissenschaftlicher und pädagogischer Hinsicht durch *D. J. Cram* in seinem Vorwort zu der englischen Ausgabe hingewiesen werden. *W. Dawydoff*

Progress in Polymer Science. Volume 2. Hg. *A. D. Jenkins.* Oxford/New York/Toronto/Sydney/Braunschweig: Pergamon Press 1970. VII, 279 S. Lwd. £ 5.50

Jeder Band dieser Serie enthält eine Anzahl von Übersichtsartikeln aus dem Gebiet der Polymerwissenschaft mit den neuesten Erkenntnissen der Chemie, Physik und Molekularbiologie und bietet dadurch nicht nur den besonders auf speziellen Gebieten der Polymerforschung arbeitenden Wissenschaftlern leicht die Möglichkeit eines umfassenden Einblicks in das gesamte Gebiet der Polymerwissenschaft. Der vorangegangene Band 1 befaßte sich im einzelnen mit den Viskositäten verdünnter Polymerlösungen, dem Photoabbau von Hochpolymeren, mit neuen Entwicklungen bei der Polymerisation von konjugierten Dienen und neuen Erkenntnissen bei der Untersuchung des dielektrischen Verhaltens von Polymeren. Im vorliegenden Band 2 werden dem Leser im ersten Beitrag „Festkörperpolymerisation" von *G. C. Eastmond* die wesentlichsten bis Ende 1967 veröffentlichten Aspekte der Festkörperpolymerisation, Methoden der Initiation sowie kinetische Untersuchungen während und nach der Bestrahlung vermittelt. Bei der Polymerisation von Vinylpolymeren wird besonders auf die Beschaffenheit der Reaktionszentren, auf Elektronenspinresonanzuntersuchungen, auf Unterschiede in der Kristallstruktur, auf topotaktische Polymerisationsreaktionen, auf den Reaktionsmechanismus sowie auf den Einfluß von Additiven und den der Polymerstruktur eingegangen. Bei den cyclischen Monomeren wird sowohl die durch Strahlung induzierte Polymerisation sowie die Beschaffenheit von reaktiven Besonderheiten und die chemische Initiation diskutiert. Weiterhin wird ein Einblick in die Festkörpercopolymerisation gegeben. In einem besonderen Abschnitt wird auf den Einfluß des Druckes auf die Polymerisation eingegangen. Ein ausführliches Literaturverzeichnis (164 Zitate) erleichtert dem interessierten Leser die Beschaffung von speziellen Originalarbeiten. Die Forderung nach hitzebeständigen nichtmetallischen Materialien wird im zweiten Beitrag „Ein zusammenfassender Bericht über die Polyazole" von *P. J. Critchley* berücksichtigt; er gibt einen guten Einblick in Polymere von großer chemischer und thermischer Stabilität. Synthesen, Eigenschaften und Anwendungsmöglichkeiten dieser Polymertypen, einschließlich der Polyimidazole, der Polybenzimidazole, der Polybenzborimidazoline, der Polyimidazopyrrolone, der Polythiazole, der Polybenzthiazole, der Polatriazole, der Polybenzoxazole, der Polypyrazole, der Poly-1, 3, 4- und 1, 2, 4-oxadiazole, der Poly-1, 3, 4-thiadiazole, der Poly-1, 2, 5- und 1, 2, 4-oxadiazol-N-oxide, der Polyoxazole und die Polymeren mit Azolringen in der Seitenkette werden beschrieben. Neben den etwa 190 Verweisungen sind, sachlich geordnet, zusätzliche neue Veröffentlichungen aus diesem Gebiet angefügt.

Der dritte Übersichtsartikel „Thermodynamik und physikalische Eigenschaften von aus verdünnter Lösung gebildeten Polymerkristallen" von *L. Mandelkern* vermittelt einen Einblick in das hauptsächlich durch Elektronenmikroskopie und Röntgenkleinwinkelstreumessungen beobachtete Wachstum und die Kristallstruktur von Polymerkristallen. Zur Charakterisierung der Polymereigenschaften werden speziell die Dichte, die Enthalpie der Fusion, Infrarotabsorptionsspektren und die selektive Oxydation herangezogen. Beziehungen zwischen den kristallinen Abmessungen, der Kristallisationstemperatur und des Mediums sowie der thermischen Stabilität der gebildeten Kristalle werden eingehend diskutiert.

Der vierte und letzte Beitrag dieses Bandes handelt von der Anwendung der Gelchromatographie in der Polymerenchemie. *J. F. Johnson* und *S. R. Porter* berichten nach einer allgemeinen Einführung in die Polymerfraktionierung ausführlich über den Mechanismus der Trennung, die theoretischen Aspekte (Definitionen, Theorie der Zonenbreite, Einfluß der Fließgeschwindigkeit, Einfluß der Teilchengröße und Verteilung), über die Instrumentation (wie Säulenfüllungen, Detektoren, Injektions- und Pumpensysteme), sowie über veränderliche Größen (wie Probenumfang und Injektion, Lösungsmittel und Temperatur und Eichung), ferner über die Interpretierung der Daten und die Genauigkeit der Ergebnisse. In einer Tabelle werden Systeme und Anwendungsmöglichkeiten mit Literaturverweisungen zusammengestellt.

Auch dieser Band bringt eine von dem Herausgeber bewußt vorgenommene Auswahl von aktuellen Problemen der Polymerforschung und wird jedem, der sich auf diesem Gebiet informieren will oder der selbst auf diesem Gebiet arbeitet, eine wertvolle Hilfe sein. *U. Bartels*

Field Ionization Mass Spectrometry. Von *H. D. Beckey.* Oxford, New York, Toronto, Sydney: Pergamon Press 1971, XVI, 344 S., Lwd. £ 9,50.

Das Buch erscheint als 42. Band der internationalen Monographienserie „Analytical Chemistry" (Hgg. von *R. Belcher* und *H. Freiser*). In den letzten Jahren hat sich die Feldionen-Massenspektrometrie als ein neuer Zweig der Massenspektrometrie entwickelt. Es ist daher sehr zu begrüßen, daß sich *H. D. Beckey* in einer zusammenfassenden Darstellung dieser Problematik gewidmet hat.

Das Werk ist in vier Kapitel gegliedert. Im ersten Kapitel werden einige Gesichtspunkte der Theorie der Feldionisation und der Feldemission kurz beschrieben. Das zweite Kapitel beschäftigt sich ausführlich mit Feldionenquellen, während die Kapitel drei und vier den physiko-chemischen und analytischen Anwendungen der Feldionen-Massenspektrometrie gewidmet sind.

Das sich mit Feldionenquellen beschäftigende zweite Kapitel gibt einen Überblick über die technische Ausführung der Ionenquellen und die darin enthaltenden Elemente. Der Aufbau des massenspektrometrischen Teiles der Apparatur wird nur kurz gestreift. Den größten Raum der Beschreibung nehmen die technische Ausführung und Herstellung der Ionenemitter ein. So werden z. B. die Herstellungsmethoden von Metallspitzen, dünnen Drähten, Kohlenstoff-Filamenten und Whisker behandelt sowie ihr Einsatz als Feldionen-Emitter diskutiert. Bei der Beschreibung dieser Methoden wird auch auf die Aktivierung von dünnen Drähten als Ionenemitter durch Aufwachsen von

[1]) Vgl. d. Z. **21** (1970) S. 264—265.

„Mikronadeln" eingegangen. Die chemische Natur der Mikronadeln wird studiert und ihr halbleitender Charakter hervorgehoben. Am Ende des Kapitels werden einige Verbindungen mit dem Feldionenmikroskop gezeigt.

Das dritte Kapitel befaßt sich mit physiko-chemischen Problemen hoher elektrischer Felder. Die Feldionen-Massenspektrometrie ist geeignet, das Verhalten organischer Ionen in hohen elektrischen Feldern zu untersuchen.

Die bei den Untersuchungen verwendete Feldstärke liegt in der Größenordnung von 10^7 bis 10^8 V/cm. Es wird über Probleme der Ladungsverteilung organischer Ionen in hohen elektrischen Feldern berichtet, wobei auch eine quantenmechanische Beschreibung enthalten ist. Weiterhin werden die Felddissoziation, die Bindungsenergien und die Lebensdauer molekularer Ionen behandelt. Der Mechanismus der Ionenzersetzung in hohen elektrischen Feldern und damit zusammenhängende kinetische Probleme werden übersichtlich dargestellt und mit den in den Massenspektren beobachteten Linienverbreiterungen in Verbindung gebracht. Ebenso wird auf Isotropie-Effekte in den Feldionen-Massenspektren hingewiesen.

Im letzten Kapitel beschäftigt sich der Autor mit Anwendungen, die die quantitative und qualitative Analyse und die Bestimmung der molekularen Struktur organischer Ionen mittels der Feldionen-Massenspektrometrie betreffen. Es werden die Feldionen-Massenspektren von Alkanen, Alkenen, Alkynen, Aminen und Alkoholen u. a. untersucht und die entsprechenden Zuordnungen vorgenommen. Im Abschnitt über quantitative Analyse wird gezeigt, daß die Methode der Feldionen-Massenspektrometrie fähig ist, komplizierte organische Gemische, die bis 100 verschiedene Komponenten enthalten, mit einer genügenden Genauigkeit zu analysieren. Bei den Analysen werden entweder Spitzen- oder Drahtemitter eingesetzt. Zwei Abschnitte sind der Analyse von schweren Erdölfraktionen und Pyrolyseprodukten von Polymeren gewidmet.

Das Buch behandelt neben physikalischen und technischen Problemen der Feldionenquellen höchst interessante Anwendungen, die physiko-chemische Probleme organischer Ionen in hohen elektrischen Feldern und Fragen der Analyse organischer Stoffe mit Hilfe der Feldionen-Massenspektrometrie betreffen. Der Inhalt des Buches wird Chemiker, Physiker und Techniker, die experimentelle Aufgaben der Feldionen-Mikroskopie, Feldionen-Massenspektrometrie und klassischen Massenspektrometrie bearbeiten, interessieren. Zum anderen ist es Wissenschaftlern in Industrie und Forschung, die sich mit physiko-chemischen Problemen organischer Ionen beschäftigen oder deren Arbeitsaufgabe in der quantitativen und qualitativen Analyse organischer Substanzen besteht, sehr zu empfehlen. *R. Danz*

Patentschau

Auszug aus der Lieferung 9/10 und 11/12 der Patentschau „Faserstoffe und Textiltechnik", Ausgabe A: Faserstoffe einschl. Kunststoffe und organ. Grundsubstanzen, zusammengestellt von der Abteilung Information und Dokumentation des Instituts für Polymerenchemie der AdW, 153 Teltow-Seehof, Kantstr. 55

Die Patentschau ist nach der internationalen Patentklassifikation (IPC) gegliedert. Es bedeuten: DLP = DDR-Patent; DTP = Deutsches Bundespatent; DTA = (West)-Deutsche Auslegeschrift; DTO = (West)-Deutsche Offenlegungsschrift; OEP = Österreichisches Patent; CHP = Schweizer Patent; FRP = Französisches Patent; GBP = Britisches Patent; JAP = Japanisches Patent; POP = Polnisches Patent; SWP = Schwedisches Patent; SUP = Sowjetisches Patent; CSP = Tschechoslowakisches Patent; USP = Amerikanisches Patent; A = Anmeldedatum, O bzw. B = Tag der Ausgabe der Offenlegungs-, Auslege- bzw. Patentschrift.

Sektion B. Arbeitsverfahren

B 65. Fördern, Packen, Lagern; Handhaben dünner oder fadenförmiger Werkstoffe

B 65 h. Behandeln von dünnem oder fadenförmigem Gut, z. B. Folien, Gewebe, Kabel

DTO 1710065. Verfahren und Vorrichtung zum Austausch der Hüllen von zylindrischen Spulen. Erf.: *Alberto Lanza, Titiano Milan* u. *Mario Paracchini.* Anm.: Bemberg S.p.A., Mailand (IT). A. 29. 12. 67, B. 30. 9. 71. Kl.: 29a, 6/13, Int. Kl.: B 65h 75/02. A.-Z.: P 1710065 (B 96046). Prior.: 3. 1. 67 (IT; A.-Z.: 11140/467).

SUP 317600 (Urheberschein). Spulenhalter. Erf.: *Ju. K. Stravinskas* u. *A.-R. A. Jankunas.* Anm.: Kaunasskij politechničeskij Institut. A. 20. 3. 70, B. 19. 10. 71. Int. Kl.: B 65h 54/54. A.-Z.: 1414011/28–12.

Sektion C. Chemie und Metallurgie

CHEMIE

C 03. Glas; Mineral- und Schlackenwolle

C 03b. Herstellung, Formgebung und Nachbehandlungsverfahren

DTO 2007151. Vernetzte Faserwerkstoffe und Verfahren zu deren Herstellung. Erf.: *Werner Wenzel, Heinrich-Wilhelm Gudenau* u. *Björn Ekkehard Wenzel.* Anm.: Prof. Dr.-Ing. Werner Wenzel, 5100 Aachen (DT) A. 17. 2. 70, B. 2. 9. 71. Kl.: 32a, 37/10, 32b, 11/10, 31b, 3/10, 80b, 9/03, Int. Kl.: C 03b 37/00, C 03c 11/00, B 22 f 3/10, C 04b 9/03. A.-Z.: P 2007151.

FRP 2085525 (B). Vorrichtung für die Herstellung von Vliesen oder Matten aus Thermoplasten. Inh.: Compagnie de Saint-Gobain. A. 29. 4. 70, B. 28. 1. 72. Int. Kl.: C 03b 37/00, D 04h 1/00. A.-Z.: 7015678.

C 07. Organische Chemie

C 07c. Acyclische und carbocyclische Verbindungen

DTO 1668335. Verfahren zur Herstellung von Acrylsäure durch Oxydation von Propylen und/oder Acrolein. Erf.: *Kurt Sennewald, Alfred Hauser.* u. *Winfried Lork.* Anm.: Knapsack AG, 5033 Hürth-Knapsack. A. 24. 8. 67, B. 2. 9. 71. Kl.: 12o, 21, Int. Kl.: C 07c 57/04. A.-Z.: P 1668335.

DTO 1668502. Verfahren zur Herstellung von Akryl- und Methakrylestern. Erf.: *F. N. Bodnarjuk, M. A. Korschunow, W. S. Michlin, W. E. Lasarjants, W. M. Melechow.* Anm.: Nautschno-issledowatelskij institut monomerow dlja sintetischeskogo kautschuka, Jaroslawl (SU). A. 7. 11. 67, B. 2. 9. 71. Kl.: 12o, 21, Int. Kl.: C07c 69/54. A.-Z.: P 1668502.

DTO 2010137. Verfahren zur Herstellung von Terephthalsäuredimethylester. Erf.: *Gerhart Hoffmann, Karl Irlweck* u. *Rudolf Cordes.* Anm., Dynamit Nobel AG, 5210 Troisdorf. A. 4. 3. 70, B. 23. 9. 71. Kl.: 12o, 14: Int. Kl.: C 07c 69/82. A.-Z.: P 2010137. Entspr. FRP 2081683.

DTO 2014012. Verfahren zur Reinigung von Dimethylterephthalat. Erf *Wolfgang Büchner.* Anm.: Dynamit Nobel AG, 5210 Troisdorf (DT) A. 24. 3. 70, B. 7. 10. 71. Kl.: 12o, 14, Int. Kl.: C 07c 69/82. A.-Z.: P 2014012. Entspr. FRP 2085024.

JAP 7116728. Acrylsäuren. Erf.: *Kaoru Kimura* u. *Hiroo Ito.* Inh.: Toa Synthetic Chemical Co. Ltd. A. 8. 4. 67, B. 8. 5. 71. Int. Kl.: C 07c, B 01j.

C 07 d. Heterocyclische Verbindungen

JAP 7033178. N-Carboxyanhydride von Aminosäuren. Erf.: *Ryoichi Wakasa, Koretaka Yamaguchi, Zai Uchio* u. *Yoshiaki Konakahara.* Inh.: Asahi Chemical Industry Co. Ltd. A. 16. 11. 62, B. 26. 10. 70. Int. Kl.: C 07d.

C 08. Makromolekulare Verbindungen; ihre Herstellung und chemische Verarbeitung; auf diesen Verbindungen beruhende Gemische

C 08b. Polysaccharide und deren Derivate

SUP 317659 (Urheberschein). Verfahren zur Vorbereitung der Viskosespinnlösung. Erf.: *A. G. Serkov, V. B. Glazunov* u. *G. A. Budnickij.* A. 8. 4. 69, B. 19. 10. 71. Int. Kl.: C 08b 9/00. A.-Z.: 1321841/23–5.

C 08 d. Synthesekautschuk

USP 3617352. Verfahren, Agens und Gegenstand zur Verbesserung der Adhäsion zwischen einem geformten Gegenstand aus einem kristallinen Polyester und Kautschuk. Erf. u. Inh.: *Takei Shima,* 1, 3-chome, Yamatecho, *Yukiharu Asami,* 1, 3-chome, Yamate-cho, *Shunzo Ishizaki,* 11, 4-chome, Nishimi, *Shoji Kawase,* 9, 2-chome, Yamate-cho u. *Masao Yoshimura,* 9, 2-chome, Yamate-cho, Yamaguchi-ken (JA). A. 15. 1. 68, B. 2. 11. 71. Kl.: 117–76 F, Int. Kl.: B 32b 27/08, 25/08. 7 Anspr. A.-Z.: 697586. Prior.: 2. 2. 66, 16. 5. 66, 9. 11. 66 (JA; A.-Z.: 41/6057, 41/31310, 41/73672).

C 08f. Polymerisationsprodukte

DTO 1745225. Verfahren zur Herstellung von Block-Copolymerisaten. Erf.: *Jules Darcy, Yung-Kang Wei* u. *Robert Carl MacKenzie.* Anm.: Polymer Corp., Ltd., Sarnia, Ontario (CA). A. 27. 2. 67, B. 12. 8. 71. Kl.: 39b4, 1/28, Int. Kl.: C 08f 1/28. A.-Z.: P 1745225. Prior.: 26. 2. 66 (CA; A.-Z.: 953311). Entspr. FRP 1510338 u. USP 3598887.

DTO 1745360. Verfahren zur Herstellung von Dispersionen, die praktisch monomerenfreie Polymerisate im wäßrigen Medium enthalten. Erf.: *Klaus Oehmichen.* Anm.: Reichold-Albert-Chemie AG, 2000 Hamburg. A. 27. 1. 68, B. 9. 9. 71. Kl.: 39b4, 1/13, Int. Kl.: C 08f 1/13. A.-Z.: P 1745360. Entspr. FRP 2000853 u. GBP 1245498.

DTO 1745492. Verfahren und Vorrichtung zur kontinuierlichen Herstellung von Mischpolymerisaten. Erf.: *Dirk Klaassen.* Anm.: Stamicarbon N. V., Heerlen (NL). A. 7. 3. 68, B. 16. 9. 71. Kl.: 39b4, 1/98, Int. Kl.: C 08f 1/98. A.-Z.: P 1745492. Prior.: 9. 3. 67 (NL; A.-Z.: 6703655). Entspr. OEP 282934, CHP 496030, FRP 1564825 u. GBP 1197375.

DTO 2009218. Polymerisationsverfahren. Erf.: *Horst Pennewiß, Helmuth Knöll* u. *Jürgen Masanek.* Anm.: Röhm GmbH, 6100 Darmstadt. A. 27. 2. 70, B. 9. 9. 71. Kl.: 39b4, 1/11, Int. Kl.: C 08f 1/00. A.-Z.: P 2009218. Entspr. FRP 2080801.

Patentschau

DTO 2106797. Verfahren zum Rückgewinnen von Polymerisaten aus organischen Lösungen. Erf.: *Anacleto Clementi.* Anm.: Snam Progetti S.p.A., Mailand (IT). A. 12. 2. 71, B. 16. 9. 71. Kl.: 39b4, 1/88, Int. Kl.: C 08f 1/88. A.-Z.: P 2106797. Prior.: 18. 2. 70 (IT; A.-Z.: 20745 A-70). Entspr. FRP 2078683.

GBP 1265433 (Zus. z. Pat. 1262716). Verfahren zur Polymerisation von Vinylchlorid. Inh.: Chatillon. A. 26. 2. 70, B. 1. 3. 72. Kl.: C 3.P, Int. Kl.: C 08f 1/04, 1/62, 3/30. A.-Z.: 9434/70. Prior.: 28. 2. 69 (IT; A.-Z.: 13477). Entspr. DTO 2009217 u. FRP 2034767.

FRP 2084366 (B). Aluminiumamidverbindungen, ihre Herstellung und Anwendung als Komponente des katalytisch wirkenden Systems für die Polymerisation von ungesättigten Verbindungen. Erf.: *Margherita Corbellini* u. *Agostino Balducci.* Inh.: Snam Progetti S.p.A. A. 9. 3. 71, B. 21. 1. 72. Int. Kl.: C 07f 5/00, C 08f 1/00. A.-Z.: 7108111. Prior.: 11. 3. 70 (IT; A.-Z.: 21750 A/70).

GBP 1264040. Olefinpolymerisation. Inh.: Montecatini Edison S.p.A. A. 6. 5. 69, B. 16. 2. 72. Kl.: C3.P, Int. Kl.: C 08f 1/42. A.-Z.: 22922/69. Prior.: 6. 5. 68 (IT; A.-Z.: 16141). Entspr. FRP 2007884.

JAP 7115493. Rückgewinnung nicht umgesetzter Monomerer aus wäßrigen Polyacrylnitril-Suspensionen. Erf.: *Shunichi Matsumura* u. *Shigetoshi Takemoto.* Inh.: Teijin Ltd. A. 28. 9. 68, B. 26. 4. 71. Int. Kl.: C 07c, C 08f.

DTO 1745433. Verfahren und Vorrichtung zum Abziehen einer Suspension von Olefinpolymeren aus einem kontinuierlich arbeitenden Reaktor. Erf.: *Felix Bloyaert.* Anm.: Solvay & Cie. S. A., Brüssel (BE). A. 14. 2. 68, B. 14. 10. 71. Kl.: 39b4, 3/02, Int. Kl.: C 08f 3/02. A.-Z.: P 1745433. Prior.: 20. 3. 67 (BE; A.-Z.: 41257). Entspr. FRP 1577336 u. GBP 1147019.

DTO 1770240. Verfahren zur Polymerisation von Äthylen, gegebenenfalls im Gemisch mit anderen alpha-Olefinen. Erf.: *Franz-Josef Meyer, Klaus Doerk* u. *Bonhard Toben.* Anm.: Veba-Chemie AG, 4660 Gelsenkirchen-Buer (DT). A. 20. 4. 68, B. 7. 10. 71. Kl.: 39b4, 3/06, Int. Kl.: C 08f 3/06. A.-Z.: P 1770240. Entspr. OEP 291554 u. FRP 2006600.

DTO 1745141. Verfahren zur Polymerisation von alpha-Olefinen. Erf.: *Pietro Saccardo, Maurizio Galastri* u. *Jean Herzenberg.* Anm.: Montecatini Edison S.p.A., Mailand (IT). A. 28. 8. 67, B. 23. 9. 71. Kl.: 39b4, 3/02, Int. Kl.: C 08f 3/02. A.-Z.: P 1745141 (Zus. z. Anm. m. A.-Z.: P 1520882). Prior.: 14. 9. 66 (IT; A.-Z.: 22389–66).

DTO 1745233. Verfahren zur Herstellung von Methylmethacrylat-Polymerisatsirupen. Erf.: *Robert Thomas Bosworth.* Anm.: E. I. du Pont de Nemours and Co., Wilmington, Del. (US). A. 13. 3. 67, B. 12. 8. 71. Kl.: 39b4, 3/68, Int. Kl.: C 08f 3/68. A.-Z.: P 1745233. Prior.: 14. 3. 66 (US; A.-Z.: 534087). Entspr. FRP 1522388.

DTO 1745457. Verfahren zur Polymerisation von alpha-Olefinen. Erf.: *Karl Schmitt* u. *Fritz Gude.* Anm.: Veba-Chemie AG, 4660 Gelsenkirchen-Buer. A. 21. 7. 67, B. 9. 9. 71. Kl.: 39b4, 3/02, Int. Kl.: C 08f 3/02. A.-Z.: P 1745457. Entspr. FRP 1584595 u. GBP 1209375.

DTO 1745491. Verfahren und Vorrichtung zur Herstellung von Polymeren oder Mischpolymerisaten von Äthylen. Erf.: *Wim van der Linde* u. *Jacob Maarten Smit.* Anm.: Stamicarbon N. V., Heerlen (NL). A. 1. 3. 68, B. 9. 9. 71. Kl.: 39b4, 3/04, Int. Kl.: C 08f 3/04. A.-Z.: P 1745491. Prior.: 1. 3. 67 (NL; A.-Z.: 6703398). Entspr. FRP 1568939 u. GBP 1196188.

DTO 1770071. Verfahren zur Herstellung von Polyvinylfluorid mit niedrigem K-Wert. Erf.: *Gregor Weisgerber, Werner Trautvetter* u. *Gerhard Bier.* Anm.: Dynamit Nobel AG, 5210 Troisdorf. A. 28. 3. 68, B. 23. 9. 71. Kl.: 39b4, 3/22, Int. Kl.: C 08f 3/22. A.-Z.: P 1770071. Entspr. OEP 288023, FRP 2004908 u. GBP 1210766.

DTO 1770094. Verfahren zur Herstellung von einheitlich verarbeitbarem Polyvinylchlorid. Erf.: *Günther Meyer.* Anm.: Dynamit Nobel AG, 5210 Troisdorf. A. 30. 3. 68, B. 23. 9. 71. Kl.: 39b4, 3/30, Int. Kl.: C 08f 3/30. A.-Z.: P 1770094. Entspr. OEP 295138, CHP 516603, FRP 2005174 u. GBP 1214104.

DTO 2063190. Verfahren zur Herstellung von Polyäthylen oder Äthylen-Copolymerisaten. Erf.: *Corrado Mancini* u. *Raffaele Gaspari.* Anm.: Societa Italiana Resine S.p.A., Mailand (IT). A. 22. 12. 70, B. 2. 9. 71. Kl.: 39b4, 3/04, Int. Kl.: C 08f 3/04. A.-Z.: P 2063190. Prior.: 23. 12. 69 (IT; A.-Z.: 26201 A–69). Entspr. FRP 2074055.

FRP 2082813 (B). Verfahren zur Herstellung eines Karalysators vom Ziegler/Natta-Typ. Inh.: Solvay & Cie. A. 26. 3. 70, B. 14. 1. 72. Int. Kl.: C 08f 3/00, 1/00, B 01j 11/00. A.-Z.: 7011085.

JAP 7037982. Katalysator zur Polymerisation von Äthylen. Erf.: *Takeji Shigihora.* Inh.: Furakawa Electric Industry Co. Ltd. A. 19. 12. 66, B. 1. 12. 70. Int. Kl.: C 08f, B 01j.

JAP 7111189. Polymerisationskatalysatoren für Äthylen. Erf.: *Tadaichi Tokuzumi, Hiroshi Fujimura, Saburo Fuji* u. *Norio Kashiwa.* Inh.: Mitsui Petrochemical Industries, Ltd. A. 18. 5, 67, B. 22. 3. 71. Int. Kl.: C 08f, B 01j.

JAP 7115107. Katalysatoren zur Polymerisation ungesättigter Verbindungen. Erf.: *Kazuo Saito* u. *Shoji Okami.* Inh.: Kanegafuchi Chemical Industry Co. Ltd. A. 9. 4. 68, B. 22. 4. 71. Int. Kl.: C 08f, B 01j.

GBP 1265222. Polymerisation von Vinylchlorid. Inh.: Chatillon. A. 17. 10. 69, B. 1. 3. 72. Kl.: C3.P, Int. Kl.: C 08f 3/30, 1/04, 1/06, 1/62. A.-Z.: 51143/69. Prior.: 17. 10. 68 (IT; A.-Z.: 22600). Entspr. DTO 1952074 u. FRP 2020899.

JAP 7112473. Vinylchloridpolymere. Erf.: *Eiichi Zizaki, Saiji Nozaki* u. *Katsuo Hidaka.* Inh.: Japan Carbide Industries Co., Ind. A. 28. 2. 68, B. 31. 3. 71. Int. Kl.: C 08f.

DTO 1745348. Azlactongruppen enthaltende Mischpolymerisate. Erf.: *Fritz Kollinsky, Klaus Hübner* u. *Gerhard Markert.* Anm.: Röhm GmbH, 6100 Darmstadt. A. 1. 12. 67, B. 9. 9. 71. Kl.: 39b4, 7/12, Int. Kl.: C 08f 7/12. A.-Z.: P 1745348. Entspr. FRP 1596614 u. USP 3583950.

DTO 1745308. Kontinuierliches Mischpolymerisationsverfahren. Erf.: *Clayton Trevor Elston.* Anm.: E. I. du Pont de Nemours and Co., Wilmington, Del. (US). A. 1. 3. 68, B. 9. 9. 71. Kl.: 39b4, 15/04, Int. Kl.: C 08f 15/04. A.-Z.: P 1745308. Prior.: 2. 3. 67 (CA; A.-Z.: 984213). Entspr. GBP 1209825.

DTO 1745469. Verfahren zur Herstellung von Mischpolymerisaten von Äthylen. Erf.: *Cornelis Emile Petrus Valerius van den Berg, Renier Jozef Lambertus Graff* u. *Willy Jan Hendriks.* Anm.: Stamicarbon N. V. Heerlen (NL). A. 9. 2. 67, B. 9. 9. 71. Kl.: 39b4, 15/02, Int. Kl.: C 08f 15/02. A.-Z.: P 1745469. Prior.: 9. 2. 66 (NL; A.-Z.: 6601610). Entspr. FRP 1510689, GBP 1175593 u. USP 3506529.

DTO 1745486. Verfahren zur Herstellung von Mischpolymerisaten von Äthylen und Acrylsäure. Erf.: *Pieter van Saane, Johannes Marie Frielink* u. *Christan Anna van Gunst.* Anm.: Stamicarbon N. V., Heerlen (NL). A. 18. 10. 67, B. 16. 9. 71. Kl.: 39b4, 15/02, Int. Kl.: C 08f 15/02. A.-Z.: P 1745486. Prior.: 18. 10. 66 (NL; A.-Z.: 6614676). Entspr. FRP 1549413.

DTO 1770223. Verfahren zur Herstellung von Mischpolymerisaten des Vinylchlorids. Erf.: *Ludwig Kuhnen.* Anm.: Chemische Werke Hüls AG, 4370 Marl (DT). A. 18. 4. 68, B. 7. 10. 71. Kl.: 39b4, 15/02, Int. Kl.: C 08f 15/02. A.-Z.: P 1770223. Vgl. auch DTO 1918414. Entspr. FRP 1602468.

JAP 7106629. Blockcopolymere. Erf.: *Isoo Shirai, Masaaki Muraki* u. *Kunihiro Koichi.* Inh.: Chisso Corp. A. 23. 9. 67, B. 19. 2. 71, Int. Kl.: C 08f.

DTO 1720955. Verfahren zur Herstellung von Pfropfmischpolymeren. Erf.: *Geoffrey William Tregear, Hendrik Adriaan Jacobus Battaerd, Anton Gunter Lang, Kevin John Catt* u. *Hugh David Niall.* Anm.: Imperial Chemical Industries of Australia and New Zealand Ltd., Melbourne (AU). A. 25. 4. 67, B. 26. 8. 71. Kl.: 39b4, 27/00, Int. Kl.: C 08f. A.-Z.: P 1720955. Prior.: 26. 4. 66, 30. 12. 66 (AU; A.-Z.: 4671/66, 16002/66). Entspr. FRP 1544668.

DTO 1770386. Verfahren zur Herstellung von Mischpolymerisaten. Erf.: *Klaus Bederke* u. *Horst Michaelis.* Anm.: Kurt Herberts, Dr. & Co. vorm. Herberts, Otto Louis, 5600 Wuppertal-Barmen (DT). A. 11. 5. 68, B. 14. 10. 71. Kl.: 39b4, 19/00, Int. Kl.: C 08f 19/00. A.-Z.: P 1770386.

SUP 324246 (Urheberschein). Verfahren zur Herstellung von N-Vinylpyrrolidon/Crotonaldehyd-Copolymeren. Erf.: *A. F. Nikolaev, G. P. Tereščnko, N. V. Mejja, N. Ja. Salivon, M. E. Rozenberg* u. *V. V. Smirnova.* A.17. 3. 69, B. 23. 12. 71. Int.Kl.: C 08f 19/00.A.-Z.:1311661/23-5.

DTO 2013263. Verfahren zur katalytischen Hydrierung von Doppelbindungen enthaltenden Polymeren. Erf.: *Klaus Bronstert, Volker Ladenberger* u. *Gerhard Fahrbach.* Anm.: Badische Anilin- & Soda-Fabrik AG, 6700 Ludwigshafen (DT). A. 20. 3. 70, B. 7. 10. 71. Kl.: 39b4, 27/24, Int. Kl.: C 08f 27/24. A.-Z.: P 2013263. Entspr. FRP 2084805.

DTO 1769782. Verfahren zur Verringerung des hydrophoben Verhaltens von Alkylenpolymeren. Erf.: *Mathijs Joseph Maria Gerardus Kisters.* Anm.: Stamicarbon N. V., Heerlen (NL). A. 12. 7. 68, B. 7. 10. 71. Kl.: 39b4, 29/02, Int. Kl.: C 08f 29/02. A.-Z.: P 1769782. Prior.: 14. 7. 67 (NL; A.-Z.: 6709859). Entspr. OEP 288015, CHP 491970 u. USP 3557248.

DTO 1694533. Verfahren zum Stabilisieren von Polyvinylchlorid. Erf.: *Arnold Schroeder* u. *Paulus Gerhardus Johannes Nieuwenhuis.* Anm.: Koninklijke Industrieele Maatschappij Noury & van der Lande N. V., Deventer (NL). A. 6. 4. 67, B. 12. 8. 71. Kl.: 39b4, 29/18, Int. Kl.: C 08f 29/18. A.-Z.: P 1694533. Prior.: 12. 4. 66 (NL; A.-Z.: 6604827). Entspr. FRP 1518397, GBP 1107697 u. USP 3476704.

DTO 1694874. Methode zur Plastifizierung von thermoplastischen Harzen. Erf.: *Fausto Bargellini, Luigi Benedetti* u. *Luigi Marangoni.* Anm.: Societa Edison, Mailand (IT). A. 19. 2. 66, B. 26. 8. 71. Kl.: 39b4, 29/18, Int. Kl.: C 08f 29/18. A.-Z.: P 1694874. Prior.: 23. 2. 65 (IT; A.-Z.: 3888). Entspr. FRP 1467580.

DTO 2108530. Neue Polymerisate. Erf.: *Febo Severini, Alberto Valvassori* u. *Alberto Pagliari.* Anm.: Montecatini Edison S.p.A., Mailand (IT). A. 23. 2. 71, B. 16. 9. 71. Kl.: 39b4, 29/18, Int. Kl.: C 08f 29/18. A.-Z.: P 2108530. Prior.: 24. 2. 70 (IT; A.-Z.: 21025-A-70). Entspr. FRP 2078959.

DTO 2112483. Verfahren zur Herstellung eines stabilisierten Polymers. Erf.: *Ringinoldus Havinga* u. *Pieter Dirk Swaters.* Anm.: Koninklijke Industrieele Maatschappij Noury & van der Lande N. V., Deventer (NL). A. 25. 1. 71, B. 12. 8. 71. Kl.: 39b4, 29/02, Int. Kl.: C 08f 29/02. A.-Z.: P 2112483 (ausgesch. aus Anm. m. A.-Z.: P 2103244). Prior.: 27. 1. 70 (NL; A.-Z.: 7001087). A.-Z.: 7001087 entspr. FRP 2076998.

USP 3541046. Organo-amino-polyphosphonate als flammhemmende Mittel für Polymere. Erf.: *A. F. Kerst.* Inh.: Monsanto Co., St. Louis, Mo. A. 11. 9. 68, B. 17. 11. 70. Kl.: 260-45,8, Int. Kl.: C 08f 45/60, 45/62. 12 Anspr. A.-Z.: 759250.

C 08g. Polykondensations- und Polyadditionsprodukte

DTO 1745384. Verfahren zur Herstellung von Lactonpolymerisaten. Erf.: *Bernardus Bastiaan Quist* u. *Arie Klootwijk.* Anm.: Shell Internationale Research Maatschappij N. V., Den Haag (NL). A. 8. 5. 67, B. 2. 9. 71. Kl.: 39b5, 17/017, Int. Kl.: C 08g 17/017. A.-Z.: P 1745384. Prior.: 9. 5. 66 (NL; A.-Z.: 6606273). Entspr. CHP 482754, FRP 1522023 u. GBP 1126152.

DTO 1770043. Thermoplastische Polyester enthaltende Formmassen. Erf.: *Ludwig Brinkmann, Walter Herwig* u. *Klaus-Dieter Asmus.* Anm.: Farbwerke Hoechst AG vorm. Meister Lucius & Brüning, 6000 Frankfurt. A. 23. 3. 68, B. 23. 9. 71. Kl.: 39b5, 17/08, Int. Kl.: C 08g 17/08. A.-Z.: P 1770043. Entspr. OEP 288029, CHP 510073 u. GBP 1248125.

DTO 1770350. Verfahren zur Herstellung von Polyestern. Erf.: *Albrecht Moschel.* Anm.: Farbwerke Hoechst AG vorm. Meister Lucius & Brüning, 6000 Frankfurt (DT). A. 8. 5. 68, B. 14. 10. 71. Kl.: 39b5, 17/06, Int. Kl.: C 08g 17/06. A.-Z.: P 1770350. Entspr. OEP 290134 u. FRP 2008068.

DTO 2009885. Verfahren zur Herstellung von Polyestern durch Polymerisation von epsilon-Caprolactonen. Erf.: *Christian Burba* u. *Eugen Griebsch.* Anm.: Schering AG, Berlin und Bergkamen, 1000 Berlin. A. 26. 2. 70, B. 16. 9. 71. Kl.: 39b5, 17/017, Int. Kl.: C 08g 17/017. A.-Z.: P 2009885. Entspr. FRP 2080781.

GBP 1262102 (Zus. z. Pat. 1201909). Polymerisation von Lactonen. Inh.: Laporte Industries Ltd. A. 14. 2. 69, B. 2. 2. 72. Kl.: C3.R, Int. Kl.: C 08g 17/017, 22/10. A.-Z.: 8189/69.

JAP 7121223. Katalysator zur Herstellung von Polyestern. Erf.: *Takao Ozeki, Banji Kanzaki* u. *Ryoichi Kamiya.* Inh.: Mitsubishi Rayon Co. Ltd. A. 7. 9. 67, B. 15. 6. 71. Int. Kl.: C 08g, C 07c, B 01j.

POP 63586. Verfahren zur Herstellung hitzebeständiger Polycarbonate. Erf.: *Zbigniew Wielgosz, Piotr Penczek* u. *Tadeusz Rawski.* Inh.: Instytut Chemii Przemyslowej, Warschau (PO). A. 23. 12. 68, B. 31. 8. 71. Kl.: 39b5, 17/13. A.-Z.: 130820.

POP 63817. Verfahren zur Gewinnung von Kohlensäurepolyestern. Erf.: *Jan Borkowski.* Inh.: Instytut Chemii Przemyslowej, Warschau (PO). A. 5. 5. 67, B. 31. 8. 71. Kl.: 39b5, 17/13. A.-Z.: 120392.

POP 65147. Verfahren zur Herstellung von Kondensationspolymeren. Erf.: *Eligia Turska* u. *Andrzej Dems.* Inh.: Politechnika Łódźka, Łódź. A. 23. 2. 67, B. 29. 2. 71. Kl.: 39b5, 17/00, Int. Kl.: C 08g 17/00. A.-Z.: 119119.

SUP 316708 (Urheberschein). Verfahren zur Herstellung von Polyarylaten. Erf.: *V. V. Koršak, S. V. Vinogradova, P. M. Valeckij, V. I. Stanko, E. K. Ljamenkova, A. I. Kalačev* u. *N. S. Titova.* Anm.: Institut elementoorganičeskich Soedinenij AN SSSR. A. 1. 12. 69, B. 7. 10. 71. Int. Kl.: C 08g 17/04, 33/18. A.-Z.: 1382430/23 – 5.

DTO 1745447. Verfahren zur Herstellung von Polyamiden. Erf.: *Manfred Drawert, Christian Burba* u. *Eugen Griebsch.* Anm.: Schering AG, 1000 Berlin und 4619 Bergkamen. A. 1. 4. 67, B. 16. 9. 71. Kl.: 39b5, 20/20, Int. Kl.: C 08g 20/20. A.-Z.: P 1745447.

DTO 1745480. Neues Polyamid und dessen Herstellung. Erf.: *Sebastiaan Elisabeth Maria Kooijman* u. *Jozef Aloys Thoma.* Anm.: Stamicarbon N. V., Heerlen (NL). A. 22. 6. 67, B. 9. 9. 71. Kl.: 39b5, 20/06, Int. Kl.: C 08g 20/06. A.-Z.: P 1745480. Prior.: 22. 6. 66 (NL; A.-Z.: 66 08623). Entspr. CHP 481959, FRP 1528348 u. GBP 1150990.

DTO 1770057. Faserbildende Polyamide mit erhöhtem Aminogruppengehalt. Erf.: *Walter Fester, Ernst Hanschke* u. *Franz Jakob.* Anm.: Farbwerke Hoechst AG vorm. Meister Lucius & Brüning, 6000 Frankfurt. A. 26. 3. 68, B. 16. 9. 71. Kl.: 39b5, 20/20, Int. Kl.: C 08g 20/20. A.-Z.: P 1770057. Entspr. OEP 292308, CHP 514643 u. FRP 2004782.

DTO 1770097. Verfahren zum kontinuierlichen Extrahieren von körnigen Polyamiden. Erf.: *Werner Nieswandt, Hermann Linge, Werner Hörauf, Hans Pirzer* u. *Herbert Hetz* .Anm.: Badische Anilin- & Soda-Fabrik AG, 6700 Ludwigshafen (DT). A. 30. 3. 68, B. 30. 9. 71. Kl.: 39b5, 20/42, Int. Kl.: C 08g 20/42. A.-Z.: P 1770097. Entspr. FRP 2005169 u. GBP 1255552.

DTO 1770127. Polyamide von Fumarsäure. Erf.: *Lino Credali* u. *Luigi Mortillaro.* Anm.: Montecatini Edison S.p.A., Mailand (IT). A. 4. 4. 68, B. 23. 9. 71. Kl.: 39b5, 20/22, Int. Kl.: C 08g 20/22. A.-Z.: P 1770127. Prior.: 5. 4. 67 (IT; A.-Z.: 14578 A-67). Entspr. CHP 492750 u. FRP 1575656.

CHP 520170. Verfahren zur Herstellung hochmolekularer Polyamide. Erf.: *Kaspar Ryffel* u. *Hans-Peter Lys.* Inh.: Inventa AG für Forschung und Patentverwertung Zürich, Zürich. A. 9. 7. 69, Int. Kl.: C 08g 20/02. A.-Z.: 10468/69. Entspr. DTO 2033653 u. FRP 2054347.

GBP 1263708. Polyamide. Inh.: Imperial Chemical Industries Ltd. A. 28. 10. 68, B. 16. 2. 72. Kl.: C3.R, Int. Kl.: C 08g 20/38. A.-Z.: 51087/68. Entspr. DTO 1954225 u. FRP 2021762.

GBP 1264149. Verfahren zur Herstellung von Polyamidsulfoxiden. Inh.: Stamicarbon N. V. A. 7. 7. 69, B. 16. 2. 72. Kl.: C3.R, Int. Kl.: C 08g 20/38, 53/20. A.-Z.: 34205/69. Prior.: 12. 7. 68 (NL; A.-Z.: 6809969). Entspr. DTO 1935339.

DTO 1720544. Verfahren zur Herstellung thermoplastisch verarbeitbarer Polyurethan-Elastomere weicher Qualität. Erf.: *Walter Fensch.* Anm.: Elastomer AG, Chur (CH). A. 13. 12. 67, B. 12. 8. 71. Kl.: 39b5, 22/06, Int. Kl.: C 08g 22/06. A.-Z.: P 1720544. Entspr. DLP 71366.

CHP 518328. Verfahren zur Herstellung von elastischen Polyurethanen mit Netzstruktur. Erf. u. Inh.: *Federico Urgesi*, 21, Via Vercelli, Vercelli (IT). A. 16. 8. 67. Int. Kl.: C 08g 22/04, D 01f 7/04. A.-Z.: 11486/67. Prior.: 20. 8. 66 (IT; A.-Z.: 19203/66).

SUP 324249 (Urheberschein). Verfahren zur Herstellung von Polybenzoxazolimiden. Erf.: *G. S. Kolesnikov, O. Ja. Fedotova* u. *V. N. Fedyna.* A. 25. 7. 68, B. 23. 12. 71. Int. Kl.: C 08g 20/32. A.-Z.: 1257769/23 – 5.

DTO 1770146. Verfahren zur Herstellung von Poly(arylen-triketoimidazolidinen). Erf.: *Gerhard Schade* u. *Franz Blaschke.* Anm.: Dynamit Nobel AG, 5210 Troisdorf. A. 6. 4. 68, B. 23. 9. 71. Kl.: 39b5, 33/02, Int. Kl.: C 08g 33/02. A.-Z.: P 1770146. Entspr. DLP 79154 u. GBP 1248114.

DTO 1694199. Thermoplastische Formmassen aus Polyestern. Erf.: *Walter Herwig, Ludwig Brinkmann* u. *Klaus-Dieter Asmus.* Anm.: Farbwerke Hoechst AG vorm. Meister Lucius & Brüning, 6000 Frankfurt (DT). A. 7. 10. 67, B. 21. 10. 71. Kl.: 39b5, 39/02, Int. Kl.: C 08g 39/02. A.-Z.: P 1694199. Entspr. CHP 503074, FRP 1584908 u. GBP 1207440.

DTO 1694922. Formmassen auf Polyesterbasis. Erf.: *Josephus Hubertus van Deursen, Arie Klootwijk* u. *Jan Selman.* Anm.: Shell Internationale Research Maatschappij N. V., Den Haag (NL). A. 27. 4. 67, B. 12. 8. 71. Kl.: 39b5, 39/02, Int. Kl.: C 08g 39/02. A.-Z.: P 1694922. Prior.: 29. 4. 66 (NL; A.-Z.: 6605773). Entspr. FRP 1521075.

DTO 1769049. Thermoplastische Polyester enthaltende Formmasse. Erf.: *Walter Herwig* u. *Klaus Weissermel.* Anm.: Farbwerke Hoechst AG vorm. Meister Lucius & Brüning, 6000 Frankfurt (DT). A. 26. 3. 68, B. 12. 8. 71. Kl.: 39b5, 39/02, Int. Kl.: C 08g 39/02. A.-Z.: P 1769049. Entspr. CHP 514646, FRP 2004791, GBP 1243455 u. USP 3598787.

DTO 1769853. Durch UV-Bestrahlen polymerisierbare Verbindungen. Erf.: *Hans-Georg Heine, Karl Fuhr, Hans Rudolph* u. *Hermann Schnell.* Anm.: Farbenfabriken Bayer AG, 5090 Leverkusen. A. 26. 7. 68, B. 16. 9. 71. Kl.: 39b5, 39/06, Int. Kl.: C 08g 39/06. A.-Z.: P 1769853. Entspr. OEP 291585, CHP 511902 u. FRP 2013827.

SUP 324254 (Urheberschein). Verfahren zum Stabilisieren von Polyäthylenterephthalat. Erf.: *L. N. Smirnov, E. M. Ajzenštejn, S. S. Aleksandrijskij, L. G. Koševoj, V. N. Gončarova, E. N. Poljakova* u. *S. V. Petuchova.* A. 11. 8. 69, B. 23. 12. 71. Int. Kl.: C 08g 39/02, 51/58. A.-Z.: 1357535/23-5.

SUP 326200 (Urheberschein). Mischung für Heißpressen. Erf.: *K. N. Vlasova, S. F. Šakaj* u. *L. S. Ivanova.* A. 31. 1. 69, B. 19. 1. 72. Int. Kl.: C 08g 41/04. A.-Z.: 1302102/23-5.

POP 63311. Verfahren zur Massefärbung synthetischer linearer Polyester. Inh.: Imperial Chemical Industries Ltd., London (GB). A. 4. 6. 65, B. 30. 6. 71. Kl.: 39b5, 53/04. A.-Z.: 109377. Prior.: 8. 6. 64, 7. 10. 64, 16. 10. 64 (GB).

POP 63432. Verfahren zur Massefärbung synthetischer linearer Polyester. Inh.: Imperial Chemical Industries Ltd., London (GB). A. 4. 6. 65, B. 30. 6. 71. Kl.: 39b5, 53/04. A.-Z.: 109376. Prior.: 8. 6. 64, 7. 10. 64, 16. 10. 64 (GB).

POP 64265. Verfahren zur Massefärbung synthetischer linearer Polyester Inh.: Imperial Chemical Industries Ltd., London (GB). A. 9. 2. 67, B. 30. 10. 71. Kl.: 39b5, 53/04, Int. Kl.: C 08g 53/04. A.-Z.: 118918. Prior.: 16. 1. 67 (GB).

C 08j. Allgemeine Herstellungs- und Verarbeitungsverfahren

USP 3615809. Feste Pigmentkompositionen. Erf.: *Floyd B. Nagle, Kenneth R. Hock* u. *Winfield Scott Haynes jr.* Inh.: The Dow Chemical Co., Midland, Mich. A. 26. 9. 68, B. 26. 10. 71. Kl.: 106-300. Int. Kl.: C 08j 1/36, C 09c 1/36. 4 Anspr. A.-Z.: 763009. Entspr. GBP 1229350.

Sektion D. Textilien und Papier

TEXTILIEN

D 01. Natürliche oder künstliche Fäden oder Fasern: Spinnen

D 01b. Mechanische Behandlung von natürlichen faserigen oder fadenförmigen Stoffen zur Gewinnung von Fasern oder Fäden, z. B. zum Verspinnen

POP 64048. Verfahren zur Beschickung von Maschinen für die kontinuierliche Verarbeitung von Faserstroh, besonders von Hanf und Leinen, sowie eine Anlage zur Anwendung dieses Verfahrens. Erf.: *Zbigniew Karasiński* u. *Bolesław Manyś.* Inh.: Instytut Przemysłu Włókien Łykowych, Poznań. A. 7. 12. 67, B. 30. 10. 71. Kl.: 29a, 2/03, Int. Kl.: D 01b 1/32. A.-Z.: 123958.

SUP 316765 (Urheberschein). Speisevorrichtung für Maschinen der Erstbearbeitung von Faserstoffen. Erf.: *A. I. Pavljak, Š. Bektursynov* u. *G. A. Pavljak.* Anm.: Central'nyj naučno-issledovatel'skij Institut chlopkovoj Promyšlennosti; u. Gosudarstvennoe special'noe konstruktorskoe Bjuro po Chlopkoočistke. A. 11. 11. 69, B. 7. 10. 71. Int. Kl.: D 01b 1/04. A.-Z.: 1377845/28 – 12.

SUP 316767 (Urheberschein). Schlagmaschine für die Bearbeitung von Flachs. Erf.: *A. N. Lukinov, V. S. Makeev, A. I. Kazakov.* Anm.: Gosudarstvennyj Institut po Proektirovaniju Predprijatij trikotažnoj i šoejnoj Promyšlennosti. A. 11. 4. 69, B. 7. 10. 71. Int. Kl.: D 01b 1/22, 1/34. A.-Z.: 1322129/28 – 12.

POP 64138. Vorrichtung zur Lockerung der Faserstrohschicht und/oder zum Ausschütteln von Verunreinigungen sowie Hanfstengeln daraus. Erf.: *Zbigniew Karasiński.* Inh.: Instytut Przemysłu Włókien Łykowych, Poznań. A. 21. 7. 69, B. 30. 10. 71. Kl.: 29a, 2/03, Int. Kl.: D 01b 5/04. A.-Z.: 134970.

D 01d. Mechanisches Verfahren und Vorrichtungen für die Herstellung von künstlichen Fäden, Gespinsten, Fasern, Borsten oder Bändern

DTO 1660445. Spinndüsenfilter. Erf.: *Karl Kufferath-Kassner.* Anm.: Gebr. Kufferath, 5161 Mariaweiler (DT). A. 30. 11. 67, B. 7. 10. 71. Kl.: 29a, 6/12, Int. Kl.: D 01d 1/10. A.-Z.: P 1660445 (Zus. z. Anm. m. A.-Z.: P 1660435). Entspr. CHP 476860.

SUP 324317 (Urheberschein). Schnecke für den Spinnkopf. Erf.: *S. A. Svirid* u. *Ju. A. Černyšov.* Anm.: Vsesojuznyj naučno-issledovatel'skij Institut Mašin dlja Proizvodstva sintetičeskich Volokon. A. 18. 11. 68, B. 23. 12. 71. Int. Kl.: D 01d 1/04, A.-Z.: 1283781/28 – 12.

DTO 1710621. Vorrichtung zur Erzeugung von Fäden, Fadenbündeln, Bändchen u. dgl. Erf.: *Hans-Joachim Brassard* u. *Heinz-Josef Jütten*, Anm.: Glanzstoff AG, 5600 Wuppertal (DT). A. 2. 3. 68, B. 30. 9. 71. Kl.: 29a, 6/10, Int. Kl.: D 01d 3/00. A.-Z.: P 1710621 (G 52556). Entspr. DLP 72857, CHP 479720, FRP 2003083, GBP 1208717 u. USP 3618167.

SUP 316770 (Urheberschein). Spinndüse für die Erspinnung eines profilierten Monofils. Erf.: *S. A. Kudrjašov, Ju. V. Krajnov, A. G. Borik, E. I. Kameneckij, P. S. Kulikov, G. A. Kudrjašova, G. A. Brjukov, G. V. Žigalov, V. E. Blinov, V. F. Tolmačev* u. *I. I. Sachno.* A. 4. 8. 70, B. 7. 10. 71. Int. Kl.: D 01d 3/00. A.-Z.: 1461027/28 – 12.

DTO 1660189. Vorrichtung beim Spinnen synthetischer Garne in Form von zweifach zusammengesetzten Fäden. Erf.: *Paul Vincent Marie van den Biggelaar* u. *Jan Cornelis Rijkaart.* Anm.: Algemene Kunstzijde Unie N. V., Arnheim (NL). A. 21. 11. 67, B. 9. 9. 71. Kl.: 29a, 6/20, Int. Kl.: D 01d 5/22. A.-Z.: P 1660189 (A 57440). Prior.: 23. 11. 66 (NL; A.-Z.: 6616462). Entspr. FRP 1545234 u. USP 3559237.

DTO 1660328. Verfahren zur Herstellung von hochschrumpfenden Fäden, Fadenbündeln und Fasern aus Acrylnitrilpolymerisaten. Erf.: *Horst Wieden, Alfred Nogaj* u. *Herbert Marzolph.* Anm.: Farbenfabriken Bayer AG, 5090 Leverkusen (DT). A. 7. 9. 67, B. 21. 10. 71. Kl.: 29a, 6/06, Int. Kl.: D 01d 5/04. A.-Z.: P 1660328 (F 53436). Entspr. CHP 496822, FRP 1582285 u. GBP 1241676.

DTO 1660365. Verfahren und Vorrichtung zur Herstellung von Mehrkomponentenfasern. Erf.: *Kazumi Nakagawa, Saidaiji Kanaoka, Nobuhiro Tsutsui* u. *Keiichi Zoda.* Anm.: Japan Exlan Co. Ltd., Osaka (JA). A. 2. 7. 65, B. 16. 9. 71. Kl.: 29a, 6/20, Int. Kl.: D 01d 5/22. A.-Z.: P 1660365 (J 28496). Prior.: 2. 7. 64 (JA; A.-Z.: 37731/64). Entspr. FRP 1442690 u. GBP 1106849.

FRP 1604562 (Aj.). Verfahren und Vorrichtung zur Herstellung von Faserbändern. Erf.: *Emilian Bobkowicz* u. *John Bobkowicz.* A. 24. 9. 68, B. 14. 1. 72. Int. Kl.: D 01d, D 02g. A.-Z.: 167336. Prior.: 26. 9. 67 (CA; A.-Z.: 001047). Entspr. CHP 515357.

GBP 1262020. Vorrichtung und Verfahren zur Herstellung von Borsten, die einen Füllstoff enthalten. Inh.: Nypel Inc. A. 28. 7. 70, B. 2. 2. 72. Kl.: B5.B, Int. Kl.: D 01d 5/10. A.-Z.: 36582/70.

DTO 1660179. Spinnanordnung zur Herstellung synthetischer Fäden. Erf.: *Paul Vincent Marie van den Biggelaar.* Anm.: Algemene Kunstzijde Unie N. V., Arnheim (NL). A. 24. 4. 67, B. 2. 9. 71. Kl.: 29a, 6/31, Int. Kl.: D 01d 13/02. A.-Z.: P 1660179 (A 55524). Prior.: 28. 4. 66 (NL; A.-Z.: 6605678). Entspr. FRP 1520059, GBP 1116679 u. USP 3479692.

POP 64555. Spinnmaschine zur Herstellung von Chemiefasern, besonders elastischer Fasern. Erf.: *Janusz Babkiewicz, Ryszard Janik, Leszek Kamiński, Paweł Siałkowski* u. *Stanisław Zalewski.* Inh.: Zakłady Włókien Sztucznych „Celwiskoza“ im. Klementa Gottwalda, Jelenia Góra. A. 1. 8. 69, B. 31. 12. 71. Kl.: 29a, 6/06, Int. Kl.: D 01d 5/12. A.-Z.: 135185.

USP 3619452. Vorrichtung zum Abkühlen von Fäden und Verfahren. Erf.: *David M. Harrison*, u. *Thomas E. Miles.* Inh.: Allied Chemical Corp., New York, N. Y. A. 7. 3. 69, B. 9. 11. 71. Kl.: 264 – 176 F, Int. Kl.: B 28b 3/20, B 29c 25/00. 26 Anspr. A.-Z.: 805261. Entspr. DTO 2000958,CHP 510132, FRP 2037373 u. GBP 1240099.

DTO 2010801. Garnführung für Maschinen zur Erzeugung oder Verarbeitung von Fasern oder Fäden. Erf.: *Karl Heinz Schlingmann.* Anm.: Asbest- und Gummiwerke Martin Merkel KG, 2102 Hamburg (DT). A. 7. 3. 70, B. 30. 9. 71. Kl.: 29a, 6/15, Int. Kl.: D 01d 11/04. A.-Z.: P 2010801. Entspr. FRP 2 084179.

SUP 316772 (Urheberschein). Vorrichtung für das Bilden eines Chemiefaserkabels. Erf.: *O. V. Ponomarev, D. N. Bespalov*, u. *V. K. Sotman.* Anm.: Special'noe konstruktorsko-technologičeskoe Bjuro Masin chimičeskich Volokon. A. 27. 4. 70, B. 7. 10. 71, Int. Kl.: D 01d 13/00. A.-Z.: 1427352/28 – 12.

SUP 316773 (Urheberschein). Apparat für kontinuierliches Abarbeiten von textilen Materialien. Erf.: *F. L. Al'ter-Pesockij, V. F. Nazarov, B. K. Tolokonnikov, M. Š. Babaev*, u. *L. A. Artemova.* Anm.: Central'nyj naučnoissledovatel'skij Institut lubjanych Volokon. A. 24. 3. 70, B. 7. 10. 71. Int. Kl.: D 01d 13/02. A.-Z.: 1418199/28 – 12.

D 01f. Chemische Gesichtspunkte bei der Herstellung von künstlichen Fäden, Gespinsten, Fasern, Borsten oder Bändern

OEP 297911. Verfahren zur Herstellung von teilweise acylierter regenerierter Zellulosefolie oder -faser. Erf.: *Viljo Tammela*, u. *Olli Turunen*. Inh.: Neste Oy, Helsinki (SF). A. 13. 11. 68, B. 15. 8. 71. Kl.: 29b, 18/05, Int.: Kl.: D 01f 3/28. A.-Z.: 11044/68. Prior.: 17. 11. 67 (SF; A.-Z.: 3106/67). Entspr. DTO 1808937 u. GBP 1177749.

GBP 1265439. Gekräuselte Acrylnitril-Bikomponentenfasern und Verfahren zur Herstellung. Inh.: Mitsubishi Rayon Co. Ltd. A. 21. 4. 70, B. 1. 3. 72. Kl.: B5.B, Int. Kl.: D 01f 7/02, 7/06, D 02g 1/00, 1/20. A.-Z.: 19068/70.

D 02. Garne; mechanische Veredelung von Garnen oder Seilen; Schären oder Bäumen

D 02g. Kräuseln oder Krimpfen (Texturieren) von Fasern, Fäden, Zwirnen oder Garnen; Garne oder Zwirne

DTO 1660175. Vorrichtung zum Erhitzen kontinuierlich fortbewegter fadenförmiger Produkte sowie die mit einer solchen Heizvorrichtung versehene Stauchkräuselvorrichtung. Erf.: *Jan van Sillhout*. Anm.: Algemene Kunstzijde Unie N. V., Arnheim (NL). A. 27. 2. 67, B. 16. 9. 71. Kl.: 29a, 6/20, Int. Kl.: D 02g 1/12. A.-Z.: P 1660175 (A 55014). Prior.: 17. 3. 66 (NL; A.-Z.: 6603469). Entspr. OEP 287904 u. FRP 1514595.

FRP 2083286 (B). Verfahren zur Herstellung von texturierten Polyestermischfäden, gekennzeichnet durch eine ausgezeichnete Regelmäßigkeit der Färbung. Inh.: Mitsubishi Rayon Co. Ltd. A. 31. 3. 71, B. 14. 1. 72. Int. Kl.: D 02g 1/00, 3/00. A.-Z.: 7111333.

PAPIER

D 21. Papierherstellung; Gewinnung von Cellulose bzw. Zellstoff

D 21c. Gewinnung von Cellulose durch Abscheiden nichtcelluloseartiger Substanzen von cellulosehaltigen Stoffen; Wiedergewinnung der Zellstoffablaugen; Vorrichtungen dafür

USP 3617432. Delignifizierung von Lignocellulose durch eine unvollständige Kochung mit Soda und anschließendes Bleichen mit einem gasförmigen Agens. Erf.: *David W. Clayton, Raimbault M. A. T. De Montigny*, u. *Norman Liebergott*. Inh.: Pulp and Paper Research Institute of Canada, Pointe Claire, Quebec (CA). A. 15. 10. 68, B. 2. 11. 71. Kl.: 162–19, Int. Kl.: D 21c 3/02, 3/18. 18 Anspr. A.-Z.: 767829. Prior.: 15. 12. 67 (CA; A.-Z.: 007696).

SUP 317737 (Urheberschein). Verfahren zur Reinigung der Lauge. Erf.: *I. A. Sergeev*. Anm.: Central'nyj naučno-issledovatel'skij i proektno-konstruktorskij Institut po Proektirovaniju Oborudovanija dlja cellju-lozno-bumažnoj Promyšlennosti. A. 8. 12. 69, B. 19. 10. 71. Int. Kl.: D 21c 7/14. A.-Z.: 1385273/29–33.

USP 3617433. Entfaserungsauftrag für ein kontinuierliches Aufschlußverfahren. Erf. u. Inh.: *Douglas G. Sutherland*, 1512 N. Briel Blvd., Middletown, Ohio. A. 15. 5. 68, B. 2. 11. 71. Kl.: 162–21, Int. Kl.: D 21b 1/36, D 21c 7/08. 7 Anspr. A.-Z.: 729334.

Sektion G. Physik

G 01. Messen; Prüfen

G 01b. Messen der Länge, der Dicke oder von ähnlichen linearen Dimensionen; Messen von Winkeln; Messen von Flächen; Messen von Unregelmäßigkeiten von Flächen oder Umrissen

SUP 317896 (Urheberschein). Gerät zur Beurteilung der Garnhaarigkeit. Erf.: *T. N. Borovikova u. L. K. Tatočenko*, L. K. A. 17. 10. 69, B. 19. 10. 71. Int. Kl.: G 01b 11/08. A.-Z.: 1371836/28-12.

G 01n. Untersuchen der chemischen oder physikalischen Eigenschaften von Stoffen

DTO 1698127. Vorrichtung zum Herstellen und Einlegen von Faserbündeln in die Prüfklemmen eines Zugprüfgerätes. Erf.: *Günter Blankenburg*, u. *Helmuth Philippen*. Anm.: Deutsches Wollforschungsinstitut an der Technischen Hochschule, 5100 Aachen (DT). A. 6. 3. 68, B. 12. 8. 71. Kl.: P 1698127 (D 55489).

Literaturschau

Auszug aus Lieferung 17 und 18/1972 der Literaturschau „Faserstoffe und Textiltechnik", zusammengestellt von der Abteilung Information und Dokumentation des Instituts für Polymerenchemie der AdW, 153 Teltow-Seehof, Kantstr. 55

I. Wissenschaftliche Grundlagen

Lehmann, Th.: Zu einigen nicht-linearen Stoffgesetzen für plastische Formänderungen. Rheologica Acta, Darmstadt **11** (1972) 1, S. 4–12.

Koršak, V. V., Vinogradova, S. V., Okulevič, P. O., Perfilov, Ju. I., Vasnev, V. A., Fedin, E. J.: Einfluß der Reaktionsfähigkeit von Diolen auf die chemische Struktur von Copolykondensaten. Izv. Akad. Nauk SSSR, Serija chim. (Nachr. Akad. Wiss. UdSSR, Chemie) (1972) 7, S. 1629 bis 1633.

Allgemeines

Wallace, T. P., Volosin, M. T., Delumyea, R. G., Gingello, A. D.: Bewertung von Verfahren zur Bestimmung der Brechungskorrektur bei Lichtstreuungsphotometern. J. Polymer Sci., A-2: Polymer Physics **10** (1972) 2, S. 193–200.

Kretschmer, A.: Grundlagen und Gesetzmäßigkeiten der Durchströmung von flächigem Textilgut. Textil-Praxis internat. **27** (1972) 6, S. 364–365.

Hoover, M. F.: Kationische quaternäre Polyelektrolyte. Literaturübersicht. J. macromol. Sci., A: Chemistry **4** (1970) 6, S. 1327–1417.

Physik und Chemie der Hochpolymeren

Stern, S. A., Fang, S.-M., Frisch, H. L.: Der Druckeinfluß auf den Gasdurchlässigkeitskoeffizienten. Eine neue Anwendung der Theorie des freien Volumens. J. Polymer Sci., A-2: Polymer Physics **10** (1972) 2, S. 201–219.

Helfand, E.: Statistik von statistischen Copolymeren, die Einkomponentenblöcke enthalten. Macromolecules, Washington **5** (1972) 3, S. 301–303.

Gruber, E., Schurz, J.: Viskositätsmessungen bei kleinen Schergefällen. Rheologica Acta, Darmstadt **11** (1972) 1, S. 36–40.

Peterlin, A.: Entstehung der inneren Viskosität in linearen Makromolekülen. J. Polymer Sci., B: Polymer Letters **10** (1972) 2, S. 101–105.

Štarkman, B. N., Voronkova, I. A., Soldatov, V. M.: Einfluß der Teilchenwechselwirkung in Polyvinylchloriddispersionen auf ihre rheologischen Eigenschaften. Teilchenwechselwirkung in polarem Medium. Kolloid. Ž. Moskva **34** (1972) 4, S. 594–598.

Charmasson, R., Catella, R.: Untersuchung des Druckeinflusses auf den osmotischen Druck von Polymerlösungen. European Polymer J. **8** (1972) 5, S. 697–702. (franz.).

Stern, S. A., Britton, G. W.: Permeation von Dimethylsulfoxid durch Polyäthylen-Membranen. J. Polymer Sci., A-2: Polymer Physics **10** (1972) 2, S. 295–305.

Volček, B. Z., Nikitin, V. N.: Über die Natur der Starrheit von Polyisocyanaten anhand der IR-Absorptionsspektren. Dokl. Akad. Nauk SSSR (Ber. Akad. Wiss. UdSSR) **205** (1972) 3, S. 622–623.

Tsuji, K., Seiki, T.: ESR-Untersuchung von UV-bestrahltem Polypropylen: Radikalbildungsmechanismus. J. Polymer Sci., B: Polymer Letters **10** (1972) 2, S. 139–144.

Kim, H. J., Nishioka, A.: Lösungsmitteleffekte bei KMR-Spektroskopie von Poly-n-alkylmethacrylatlösungen. Kobunshi Kagaku, Tokyo (Chem. High Polymers) **29** (1972) 323 (3), S. 148–153. (jap.; engl. Zusammenfass.).

Klinšpont, È. R., Milinčuk, V. K., Dmitriev, S. M., Kurilenko, A. I.: ESR-Untersuchung der Umsetzung von bei γ-Bestrahlung von Polypropylen entstehenden freien Radikalen mit Methylmethacrylat. Vysokomol Soed. (Hochmol. Verbind.) Serie A **14** (1972) 7, S. 1596–1602.

Bikbulatova, L. A., Messerle, P. E.: ESR-Charakteristik der festen Produkte des thermischen Abbaues von Polyimid. Vysokomol. Soed. (Hochmol. Verbind.) Serie B: Kratkie Soobšč. (Kurzmitt.) **14** (1972) 6, S. 469–472.

Peticolas, W. L.: Nichtelastische Laser-Lichtstreuung von biologischen und synthetischen Polymeren. Advances Polymer Sci./Fortschritte Hochpolymeren-Forsch. **9** (1972) S. 286–333. (engl.).

Kabanov, V. Ja., Čalych, A. E., Aliev, R. È., Lukjanovič, V. M., Spicyn, V. I. Elektronenmikroskopische Untersuchung von Ladungszentren in γ-bestrahlten Polymeren. Dokl. Akad. Nauk SSSR (Ber. Akad. Wiss. UdSSR **205** (1972) 2, S. 393–395.

Čalych, A. E., Petrova, I. I., Sčipačeva, N. A., Evko, E. I., Luk'janovič, V. M.: Präparationsmethodik von Polymerproben nach dem Ätzen in einer HF-Sauerstoffentladung. Z. fizič. Chimii (Z. physik. Chemie) **46** (1972) 7, S. 1775–1777.

Koršak, V. V., Vinogradova, S. V., Vasnev, V. A., Vasil'ev, A. V. (Schreibw. i. Orig.: *Korshak, V. V., Vasel'yev, A. V.*): Über Rotationsisomerie von Polyarylaten. J. Polymer Sci., B.: Polymer Letters **10** (1972) 6, S. 429 bis 431.

Gezovich, D. M., Geil, P. H.: Morphologie des weichgemachten Polyvinylchlorids. Internat. J. polymeric Materials **1** (1971) 1, S. 3–16.

Clark, E. S., Garber, C. A.: Einfluß der technischen Verarbeitung auf die Morphologie von kristallinen Polymeren. Internat. J. polymeric Materials **1** (1971) 1, S. 31–46.

Luisi, P. L.: Berechnung der Konformationseigenschaften von isotaktischen Poly(α-olefinen) in Lösung. Polymer, London **13** (1972) 5, S. 232–241.

Baur, H.: Einfluß der Valenzwinkelsteifigkeit auf die thermischen Schwankungen und den Debye-Waller-Faktor von Polymer-Kristallen. Kolloid-Z. u. Z. Polymere **250** (1972) 4, S. 289–297.

Gembickij, P. A., Čmarin, A. I., Žuk, D. S.: Über die Struktur von Polyäthylenimin. Izv. Akad. Nauk SSSR, Serija chim. (Nachr. Akad. Wiss. UdSSR, Chemie) (1972) 8, S. 1898.

Ide, F. Koasama, T., Hasegawa, A.: Korrelation zwischen Polymerstruktur und Polymerkennwerten in Polypropylen/Polyamid-Mischung. Kobunshi Kagaku, Tokyo (Chem. High Polymers) **29** (1972) 324 (4), S. 265–269. (jap., engl. Zusammenfass.).

Poppleton, B. J., Gatehouse, B. M.: Abmessungen der Elementarzelle der Cellulose-II-Modellverbindung β-Cellotetraose. J. Polymer Sci., A-2: Polymer Physics **10** (1972) 2, S. 375–376.

Ikushima, K., Tanaka, T., Nomoto, G.: Einfluß der Bedingungen vor dem Schmelzen auf istothermische Kristallisation von Polypropylen. Kobunshi Kagaku, Tokyo (Chem. High Polymers) **29** (1972) 323 (3), S. 186–191. (jap., engl. Zusammenfass.).

Takai, R., Kaneko, R.: Untersuchungen zur Kristallisationsgeschwindigkeit von Polymeren mit Hilfe der Intensitätsmessungen des depolarisierten Lichtes. Verbesserung der Apparatur und sekundäre Kristallisation. Kobunshi Kagaku, Tokyo (Chem. High Polymers) **29** (1972) 325(5), S. 336 bis 341. (jap.; engl. Zusammenfass.).

Yamada, A., Yanagita, M.: Wahrscheinlichkeitsbeziehung für Triaden in einem thermodynamischen Schema. J. Polymer Sci., B: Polymer Letters **10** (1972) 2, S. 107–111.

Kumbar, M. M.: Trägheitsradius von Makromolekülen bei Zunahme der Kettensteifheit und des ausgeschlossenen Volumens. J. chem. Physics **55** (1971) 10 (Teil 2) S. 5046–5047.

Hayes, J. W., Hutton, J. F.: Messung des Normalspannungskoeffizienten von verdünnten Polymerlösungen anhand des Fließens in einem gekrümmten Rohr. Rheologica Acta, Darmstadt **11** (1972) 1, S. 89–92. (engl.).

Boger, D. V., Murthy, A. V. R.: Fließen von viskoelastischen Flüssigkeiten durch eine scharfkantige Rohrverengung. Rheologica Acta Darmstadt **11** (1972) 1, S. 61–69 (engl.).

Bebich, G. F., Romanova, K. A., Kapačauskene, Ja. P., Prozorovič, V. S.: Polymere Alterungsstabilisatoren. Vysokomol. Soed. (Hochmol. Verbind.) Serie B: Kratkie Soobšč. (Kurzmitt.) **14** (1972) 6, S. 446–450.

Chang, H., Lodge, A. S.: Vergleich der Theorie der kautschukartigen Flüssigkeiten mit Spannungsanstiegsergebnissen bei der Reckung einer Schmelze von verzweigtem HD-Polyäthylen. Rheologica Acta, Darmstadt **11** (1972) 1, S. 127–129. (engl.)

Guillot, J., Bert, M., Vialle, J., Guyot, A.: Thermischer Abbau von Methylmethacrylat/Vinylchlorid-Copolymeren. I. Beziehungen für Sequenzlängenverteilung. European Polymer J. **8** (1972) 5, S. 641–653. (franz.).

Shultz, A. R., Gendron, B. M.: Thermooptische und differentialregistrierkalorimetrische Beobachtung von Beweglichkeitsübergängen in Polystyrol/Poly-2,6-dimethyl-1,4-phenylenoxid-Mischungen. J. appl. Polymer Sci. **16** (1972) 2, S. 461–471.

Nečitajlo, N. A., Sanin, P. I.: Thermographische Bestimmung der Verträglichkeit von Komponenten im System Polymer/niedermolekulare Substanz. Vysokomol. Soed. (Hochmol. Verbind.) Serie A **14** (1972) 7, S. 1491 bis 1494.

Patora, J., Piotrowski, J., Kryszewski, M., Szymański, A.: Thermische Aktivierungsenergie der elektrischen Leitfähigkeit und die verschlungene Struktur von Poly-N-vinylcarbazol. J. Polymer Sci., B: Polymer Letters **10** (1972) 1, S. 23–28.

Koleske, J. V., Lundberg, R. D.: Lactonpolymere. IV. Einfriertemperaturen von monomeren Lactonen und deren Polymeren. J. Polymer Sci., A-2: Polymer Physics **10** (1972) 2, S. 323–337.

Mrkvičková-Vaculová, L., Kratochvíl, P.: Lösungseigenschaften von verzweigten Polymeren. I. Synthese, Fraktionierung und Charakterisierung von Polymeren. II. Bestimmung des Verzweigungsgrades von polydispersen, verzweigten Polymeren. Coll. czechoslov. chem. Commun. **37** (1972) 6, S. 2015–2028, 2029–2038. (engl.).

Kamal, M. R., El-Kaissy, M. M., Avedesian, M. M.: Einfluß von Lösungsmittelresten auf den UV-Abbau von Polyvinylchlorid. J. appl. Polymer Sci. **16** (1972) 1, S. 83–97.

Margolin, A. L., Postnikov, L. M., Bordakov, V. S., Vičutinskaja, E. V.: Messung der Geschwindigkeit des photooxydativen Abbaues von Polycaproamid und der Wirksamkeit von Photostabilisatoren. Vysokomol. Soed. (Hochmol. Verbind.) Serie A **14** (1972) 7, S. 1586–1590.

Day, M., Wiles, D. M.: Photochemischer Abbau von Polyäthylenterephthalat. I. Bestrahlungsversuche mit Xenon- und Kohlenstofflichtbogen. II. Einfluß der Wellenlänge und der Umgebung auf den Zersetzungsprozeß. III. Bestimmung der Zersetzungsprodukte und Reaktionsmechanismus. J. appl. Polymer Sci. **16** (1972) 1, S. 175–189; 191–202; 203–215.

Jellinek, H. H. G., Chou, C. H.: Photolyse von Poly-N-dimethyl-β-aminoäthylmethacrylat in wäßrigen Lösungen. J. macromol. Sci., A: Chemistry **4** (1970) 1, S. 225–258.

Arthur, J. C., jr.: Cellulose-Pfropfcopolymere. J. macromol. Sci., A: Chemistry **4** (1970) 5, S. 1057–1065.

Rosenthal, A.: Analyse von polydispersen Systemen im Sedimentationsgleichgewicht. II. Einzelne Komponenten in Lösungsmittelgemischen. Macromolecules, Washington **5** (1972) 3, S. 310–315.

Yamamoto, Y., Tsuge, S., Takeuchi, T.: Untersuchung der Verteilung von Diaden in Acrylnitril/Methylacrylat-Copolymeren mittels Pyrolyse-Gaschromatographie. Macromolecules, Washington **5** (1972) 3, S. 325 bis 327.

Gray, D. G., Guillet, J. E.: Eine gaschromatographische Methode zur Untersuchung der Sorption an Polymeren. Macromolecules, Washington **5** (1972) 3, S. 316–321.

Belen'kij, B. G., Nefedov, P. P.: Eichung eines Gel-Chromatographen und Bestimmung der Mark/Kuhn-Konstanten von nichtfraktionierten Polymeren. Vysokomol. Soed. (Hochmol. Verbind.) Serie A **14** (1972) 7, S. 1658 bis 1659.

Ayrey, G., Poller, R. C., Siddiqui, I. H.: Fehlen der Radikalaktivität bei der Reaktion zwischen zinnorganischen Stabilisatoren und Chlorkohlenwasserstoffen. Polymer. London **13** (1972) 6, S. 299.

Tanaka, Y., Ise, N.: Geschwindigkeitskonstanten von freien Ionen und Ionenpaaren. I. II. J. macromol. Sci., A: Chemistry **4** (1970) 4, S. 825–849; S. 851–871.

Vigo, T. L., Daigle, D. J., Welch, C. M.: Reaktion von Cellulose mit Chlordimethylformiminiumchlorid und anschließende Umsetzung mit Halogenionen. J. Polymer Sci., B: Polymer Letters **10** (1972) 5, S. 397–406.

Yamaguchi, T., Sasaki, E., Maezawa, J., Masuyama, T.: Metallierung von Polyamid 6. Kobunshi Kagaku, Tokyo (Chem. High Polymers) **29** (1972) 325 (5), S. 322–326. (jap., engl. Zusammenfass.).

Physik und Chemie der Monomeren und Oligomeren

Gusakovskaja, I. G.: Anwendung des Calvet-Mikrokalorimeters zur Bestimmung des Temperaturbereiches des Auftretens der Molekularbeweglichkeit. Vysokomol. Soed. (Hochmol. Verbind.) Serie A **14** (1972) 7, S. 1649 bis 1651.

Spei, M.: Röntgenographische Nachweise der fundamentalen 198 Å Periodizität in α-Keratin. Kolloid-Z. u. Z. Polymere **250** (1972) 3, S. 207–213.

Livingston, H. K., Gregory, R. L.: Charakterisierung eines cyclischen Oligomeren von Polypentamethylenterephthalamid. Polymer, London **13** (1972) 6, S. 297–298.

Polymerisation

Barrett, K. E. J.: Polymerisationskinetische Untersuchungen mittels Thermoanalyse. Proc. Soc. anal. Chem. **9** (1972) 8, S. 166.

Chen, C. S. H., DiEdwardo, A.: In situ Hochauflösungs-KMR-Untersuchung von Polymerisationsmechanismus. II. Vergleich zwischen $BF_3 \cdot Bu_2O$ und Cl  N_2PF_6 als Katalysatoren bei Homopolymerisation von Trioxan und Copolymerisation mit Äthylexouid. J. macromol. Sci., A: Chemistry **4** (1970) 2, S. 349–360.

Kubota, H., Ogiwara, Y.: Einfluß von Metallionen auf photoinduzierte Pfropfpolymerisation auf Cellulose. J. appl. Polymer Sci. **16** (1972) 2, S. 337–344.

Rogovin, Z. A.: Zu einigen Problemen der Synthese von Pfropfcopolymeren der Cellulose und der Untersuchung ihrer Eigenschaften. Cellulose Chem. Technology, Jassy/Rum. **6** (1972) 1, S. 17–34. (russ.)

Sakurada, I., Okada, T., Ikada, Y.: Pfropfung von Vinylmonomeren auf Cellulose. Cellulose Chem. Technology, Jassy/Rum. **6** (1972) 1, S. 35–48 (engl.).

Odian, G., Kho, J. H. T.: Durch Cerionen initiierte Pfropfpolymerisation auf Polyvinylalkohol. J. macromol. Sci., A: Chemistry **4** (1970) 2, S. 317 bis 330.

Matsuzaki, K., Kanai, T., Morita, N.: Struktur von bei strahlungsinduzierter Pfropfcopolymerisation entstandenen Polymeren. J. appl. Polymer Sci. **16** (1972) 1, S. 15–20.

Lipatova, T. E., Bakalo, L. A., Nizel'skij, Ju. N., Sirotinskaja, A. L., (Schreibw. i. Orig.: *Niselsky, Yu. N., Sirotinskaya, A. L.*): Über den Mechanismus der durch Metallchelate und zinnorganische Verbindungen katalysierten Polyurethanbildung. J. macromol. Sci., A: Chemistry **4** (1970) 8, S. 1743–1758.

Koršak, V. V., Kreškov, A. P., Smirnova, O. V., Aldarova, N. Š., Fortunatov, O. G., Slavgorodskaja, M. V., Pavlova, A. E.: Einfluß von Triäthylamin auf den Syntheseverlauf von Polycarbonaten in einem organischen Lösungsmittel. Vysokomol. Soed. (Hochmol. Verbind.) Serie A **14** (1972) 7, S. 1503–1511.

Imai, Y., Takahashi, T.: Lösungsmitteleinfluß auf die Herstellung von Polyamidimiden aus Trimelithsäureanhydrid und aromatischen Diisocyanaten. Kobunshi Kagaku, Tokyo (Chem. High Polymers) **29** (1972) 323 (3), S. 182 bis 185. (jap., engl. Zusammenfass.).

Bower, G. M., Frost, L. W.: Polyimidazopyrrolone und verwandte Polymere. II. Polyimidazopyrrolone aus aromatischen Dianhydriden und 3,3-Dichlor-5,5'-diaminobenzidin. J. appl. Polymer Sci. **16** (1972) 2, S. 345–352.

Mass, A. J., Duck, E. W., Hawkins, J. R., Locke, J. M.: Anionische Pfropfcopolymerisation von Äthylen/Propylen-Terpolymeren. European Polymer J. **8** (1972) 6, S. 781–787.

Heublein, G., Helbig, M.: Zum Mechanismus der kationischen Polymerisation des Vinylisobutyläthers mit Jod als Katalysator. J. prakt. Chemie **314** (1972) 1, S. 1–14.

Radeglia, R., Gey, E.: MO-LCAO-SCF-Berechnungen von Vinylverbindungen nach dem CNDO/2-Verfahren. Quantenchemische Interpretation der Spektralparameter und des Copolymerisationsverhaltens. J. prakt. Chemie **314** (1972) 1, S. 43–54.

Nakamura, Y., Mori, K.: Synthese von PVC mit konjugierten Doppelbindungen und Vernetzungseigenschaften. Kobunshi Kagaku, Tokyo (Chem. High Polymers) **29** (1972) 323 (3), S. 172–176 (jap.; engl. Zusammenfass.).

Tabata, Y., Ishigure, K., Higaki, H., Oshima, K.: Strahlungsinduzierte Copolymerisation von fluorhaltigen Monomeren. J. macromol. Sci., A: Chemistry **4** (1970) 4, S. 801–813.

Tabata, Y., Ito, W., Oshima, K., Tagaki, J.: Strahlungsinduzierte Polymerisation von Tetrafluoräthylen in Lösung. J. macromol. Sci., A: Chemistry **4** (1970) 4, S. 815–824.

Bol'šakov, A. I., Michajlov, A. I., Barkalov, I. M., Gol'danskij, V. I.: ESR- und kalorimetrische Untersuchung des Mechanismus der Tieftemperatur-Strahlungspolymerisation von Acrylsäure in Alkoholmatrize. Dokl. Akad. Nauk SSSR (Ber. Akad. Wiss. UdSSR) **205** (1972) 2, S. 379–382.

Hiraki, K., Kaneko, Sh., Hirai, H.: ESR-Untersuchung der Methylmethacrylatpolymerisation am Katalysatorsystem n-Butyltitanat(IV)/Triäthylaluminium. J. Polymer Sci., B: Polymer Letters **10** (1972) 3, S. 199 bis 202.

Bowden, M. J., O'Donnell, J. H., Sothman, R. D.: Strahlungsinduzierte Festkörperpolymerisation von Methacrylsäurederivaten. VIII. Nachbestrahlungspolymerisation von Bariummethacrylat. Macromolecules, Washington **5** (1972) 3, S. 269–274.

Matsuda, T., Higashimura, T., Okamura, S.: Polymerisation von Acrylamid und Methacrylamid in festem Zustand unter Einwirkung von Chlor und UV-Bestrahlung. J. macromol. Sci., A: Chemistry **4** (1970) 1, S. 1–17.

Yamada, A., Yanagita, M.: Copolymerisationsverhalten von Acryl nitril mit anderen Monomeren in Gegenwart von Äthylaluminiumdichlorid. J. Polymer Sci., B: Polymer Letters **10** (1972) 2, S. 91–94.

Cvetanov, Ch. B., Zgonnik, V. N., Erusalimskij, B. L., Panajotov, I. M.: Synthese und physikochemische Charakterisierung „lebender" Polymerer mit endständigen Acrylnitrilgliedern. Vysokomol. Soed. (Hochmol. Verbind.) Serie B: Kratkie Soobšč. (Kurzmitt.) **14** (1972) 6, S. 404.

Yokota, K.: KMR-Spektren von nach dem radikalischen Mechanismus hergestellten Styrol/Itaconsäureester-Copolymeren. J. macromol. Sci., A: Chemistry **4** (1970) 1, S. 65–78.

Gaylord, N. G., Matyska, B.: Donator/Akzeptor-Komplexe bei Copolymerisation. VIII. Nachweis der Beteiligung von Komplexen bei Copolymerisation von Styrol und Methylmethacrylat ... $Al(C_2H_5)_{1,5}$. IX. Kinetische Besonderheiten der Copolymerisation von Styrol und Methylmethacrylat ... $Al(C_2H_5)_{1,5}Cl_{1,5}$. J. macromol. Sci., A: Chemistry **4** (1970) 7, S. 1507–1517; 1519–1528.

Gaylord, N. G., Takahashi, A., Kikuchi, Sh., Guzzi, R. A.: Pfropfcopolymere, die alternierende Copolymere enthalten. V. „Carboxylierung" von Polymeren durch in situ spontane Polymerisation des Styrol/Maleinsäureanhydrid-Komplexes in der Masse. J. Polymer Sci., B: Polymer Letters **10** (1972) 2, S. 95–100.

Böhm, L. L., Chmelíř, M., Löhr, G., Schmitt, B. J., Schulz, G. V.: Zustände und Reaktionen des Carbanions bei der anionischen Polymerisation des Styrols. Advances Polymer Sci./Fortschritte Hochpolymeren-Forsch. **9** (1972) S. 1–45.

Garnett, J. L., Martin, E. C.: Strahlungsinduzierte Copolymerisation von Styrol mit Cellulose bei geringen Dosisraten. J. macromol. Sci., A: Chemistry **4** (1970) 5, S. 1193–1214.

Luchovickij, V. I., Polikarpov, V. V., Karpov, V. L.: Strahlungsinitiierte Emulsions-Nachpolymerisation von Styrol in Gegenwart von Kettenüberträgern. Vysokomol. Soed. (Hochmol. Verbind.) Serie B: Kratkie Soobšč. (Kurzmitt.) **14** (1972) 6, S. 426–429.

Takahashi, T., Ogata, N., Okazaki, H., Tsujimoto, I.: Epitaxiales Wachstum von Polyoxymethylen während der Polymerisation in wäßrigen Formaldehydlösungen. Kobunshi Kagaku, Tokyo (Chem. High Polymers) **29** (1972) 325(5), S. 331–335 (jap.; engl. Zusammenfass.).

D'Alelio, G. F., Fessler, W. A., Giza, Y., Feigl, D. M., Chang, A., Saha, M.: Arylsulfimidpolymere. IV. Umamidierungsmodellreaktionen – Ein Vergleich der Reaktionen von Benzamiden, Benzimiden, Sulfonamiden, Sulfonimiden und Saccharinen. J. macromol. Sci., A: Chemistry **4** (1970) 1, S. 159–185.

Otsu, T., Inoue, H.: Verhalten von Alkylvinylsulfiden bei der radikalischen Copolymerisation. J. macromol. Sci., A: Chemistry **4** (1970) 1, S. 35–50.

Higgins, J., Menon, C. S.: Polychinoxalone. J. Polymer Sci., B: Polymer Letters **10** (1972) 2, S. 129–131.

Kresta, J., Livingston, H. K.: Reaktionsmechanismus und -produkt der Oxydation von Phenolen durch Jodverbindungen mit höher als normaler Wertigkeit. J. macromol. Sci., A: Chemistry **4** (1970) 8, S. 1719–1726.

Rossi, R., Diversi, P., Porri, L.: Über ringöffnende Polymerisation von Methylencyclobutan. Macromolecules, Washington **5** (1972) 3, S. 247 bis 249.

Saegusa, T., Matsumoto, Sh., Motoi, M., Fujii, H.: Kinetische Untersuchung der Polymerisation von exo-2-Methyl-7-oxabicyclo-(2.2.1)heptan. Macromolecules, Washington **5** (1972) 3, S. 236–239.

Sonderfragen

Kesting, R. E.: Kontrolle der Polymermorphologie für biomedizinische Anwendungen. I. Hydrophile Polycarbonatmembranen für Dialyse. J. macromol. Sci., A: Chemistry 4 (1970) 3, S. 655–664.
Zweifach, B. W.: Probleme in Blut-Gewebe-(Abwehr)reaktionen auf Polymermaterialien. J. macromol. Sci., A: Chemistry 4 (1970) 3, S. 499–509.
Martin, F. E. Shuey, H. F., Saltonstall, C. W., jr.: Verbesserte Membranen für Hämodialyse. J. macromol. Sci., A: Chemistry 4 (1970) 3, S. 635–654.

II. Faserstoffe. Ausgangsstoffe usw.

Natrufaserstoffe

Savatjugina, T. V., Chomenko, R. I., Geller, B. È.: Beurteilung der Diffusionskonstanten von Flüssigkeiten in Polymermaterialien anhand von thermochemischen Daten. Vysokomol. Soed. (Hochmol. Verbind.) Serie A 14 (1972) 7, S. 1655–1657.

Pflanzliche Faserstoffe

Rektenwald, F.: Rekonstruktionsfragen der Leinen-, Hanf- und Juteindustrie. Magyar Textiltechn. 24 (1972) 7, S. 361–362.
Porter, B. R., Rollins, M. L.: Porositätsänderungen von behandelten Baumwollintersfasern. I. Reinigungs- und Quellungsbehandlungen. II. Behandlungen zur chemischen Modifizierung von Baumwolle. J. appl. Polymer Sci. 16 (1972) 1, S. 217–235; 237–254.
Zeronian, S. H., Cabradilla, K. E.: Wirkung von Alkalimetallhydroxiden auf Baumwolle. J. appl. Polymer Sci. 16 (1972) 1, S. 113–128.

Tierische Faserstoffe

Beziehung zwischen physikalischen und chemischen Eigenschaften von Irischer Wolle bei UV-Bestrahlung. J. Soc. Dyers Colourists 88 (1972) 6, S. 222–223.
Hadwich, F.: Die Genauigkeit der Almeter-Werte von Wolle im Kammzug. Melliand Textilber. internat. 53 (1972) 8, S. 853–854.
Watt, I. C.: Eigenschaften einiger Wollkeratinocopolymerer. J. macromol. Sci., A: Chemistry 4 (1970) 5, S. 1079–1089.

Chemiefaserstoffe

Cellulose und Zellstoff

Sihtola, H., Rantanen, T.: Chemie des SINI-Viskoseverfahrens. Cellulose Chem. Technology, Jassy/Rum. 6 (1972) 1, S. 71–83 (engl.).
Šarkov, V. I.: Untersuchung der Verfahren zur Erhöhung der Reaktionsfähigkeit der Cellulose. Cellulose Chem. Technology, Jassy/Rum. 6 (1972) 1, S. 49–60 (russ.).
Fahmy, Y., Mobarak, F.: Reaktionsfähigkeit von biologischer Cellulose und Eigenschaften einiger ihrer Derivate. Cellulose Chem. Technology, Jassy/Rum. 6 (1972) 1, S. 61–65 (engl.).

Regeneratfaserstoffe

Schurz, J., Schempp, W.: Das rheologische Verhalten von elektrisch geladenen Systemen. Cellulose Chem. Technology, Jassy/Rum. 6 (1972) 1, S. 99 bis 122 (dt.).

Synthetische Faserstoffe

Engpaß für Polyesterseiden infolge politischer Situation. Japan Textile News (1971) 205, S. 32–33.
Efimova, S. G., Volochina, A. V., Koreckaja, A. I., Iovleva, M. M., Sokolova, T. S., Papkov, S. P.: Zum Studium des Spinnvorganges bei der Herstellung von Faserstoffen aus thermisch beständigen Polymeren. Vysokomol. Soed. (Hochmol. Verbind.) Serie A 14 (1972) 7, S. 1523–1527.
Schamberg, E.: Empfindlichkeit von Polyäthylenterephthalat-Pfropfcopolymeren im alkalischen Medium. J. Polymer Sci., B: Polymer Letters 10 (1972) 2, S. 119–124.
Eltexil, die Polyäthylen-Faser von Solvay. Chemiefasern/Textilind. 22/74 (1972) 7, S. 610–611.
Ruta, D.: Neue Einsatzmöglichkeiten der Acrylfaser. Ind. textile, Paris (1972) 1013, S. 473–480.
Campbell, I. A., Skoroszewski, W. H.: Filmfasern: Neue Entwicklungen in Polymeren und Verfahren. Textile Inst. Ind. 10 (1972) 6, S. 170–172.

Künstliche mineralische Faserstoffe

Robbins, D.: Kohlenstoff-Fasern und -Kompositionen. Textile Inst. Ind. 10 (1972) 6, S. 167–169.

Ausgangsstoffe. Schaumstoffe. Kautschuk

Chu, H.-D., Kitamaru, R.: Herstellung und physiko-chemische Eigenschaften von Polyäthylenfilm mit hoher Lichtdurchlässigkeit und Dichte aus einem schwach vernetzten Polyäthylen. Kobunshi Kagaku, Tokyo (Chem. High Polymers) 29 (1972) 323(3), S. 214–215 (jap.; engl. Zusammenfass.).
Fritzsche, P., Paul, D., Gröbe, V.: Charakterisierung von makroporösem vernetztem Polyacrylnitril. Plaste u. Kautschuk 19 (1972) 8, S. 568–572.
Frommelt, H.: Organische Polymere – Basis moderner Verbundstoffe. Wiss. u. Fortschr. 22 (1972) 7, S. 319–323.

III. Fäden-Herstellungstechnologien

Spinnerei. Zwirnerei

Lünenschloß, J., Schuler, B. G.: Methoden zur genaueren Ermittlung des Reibbeiwertes von Garnen mit Hilfe des F-Meters. Textil-Praxis internat. 27 (1972) 6, S. 347–349.
Lünenschloß, J. W., Rottmayr, H.: Der Einfluß verschiedener Spinnparameter als Ursache für das Auftreten von Schmelzstellen in Polyester/Baumwoll-Mischgarnen. Melliand Textilber. internat. 53 (1972) 7, S. 739 bis 743.

Spinnereivorbereitung

Gussev, V. E., Slyvakov, V. E.: Vervollkommnung der Technik und Technologie in der Wollindustrie. Tekstil. Prom., Moskva (Textil-Ind.) 32 (1972) 3, S. 27–31.
Prade, J.: Das Know-how der Zugregulierung am Flyer. Ein Erfahrungsbericht für den Praktiker. Textilbetrieb 90 (1972) 6, S. 57–61.
Brezeanu, O., Bugeac, H., Turcitu, N.: Die beste Art des Batchens von Flachs und Hanfwerg. Ind. textilă, Bucureşti 23 (1972) 6, S. 342–349.

Turpie, D. W. F., Kruger, P. J.: Untersuchungen über den Noble-Kämmer. Teil I. Der Einfluß der Walzen-Temperaturen. Teil II. Haltekraft und ihre praktische Anwendung. J. Textile Inst. 63 (1972) 6, S. 325–346; 347 bis 355.
Blus, W., Lorens, M.: Entstaubung der Baumwoll-Putzereiabteilungen. Technik włókienn. (Textiltechn.) 21 (1972) 3, S. 68–74.
Filippović, V. N.: Zur Wahl des Kardentyps. Tekstil. Prom., Moskva (Textil-Ind.) 32 (1972) 3, S. 31–33.
Chenkina, I. G.: Über die günstigen Auswirkungen der Spezialisierung der Produktionsprogramme der Maschinen. Tekstil. Prom., Moskva (Textil-Ind.) 32 (1972) 3, S. 7–9.

Spinnerei

Tooka, T.: Die Offenendspinnerei. Ind. textile, Paris (1972) 1013, S. 459 bis 463.
Barella, A.: Haarigkeit von Offen-End-Garnen. Textil, Praha 27 (1972) 6, S. 178–179.
Lünenschloß, J. W., Rottmayr, H.: Der Einfluß verschiedener Spinnparameter als Ursache für das Auftreten von Schmelzstellen in Polyester/Baumwoll-Mischgarnen. Melliand Textilber. internat. 53 (1972) 8, S. 855 bis 859.
Hakki, M., Singh Sawhney, A. P., Costales, M.: Rotierender Ring. Textile Res. J. 42 (1972) 6, S. 326–327.

Erzeugnisse der Spinnerei und Zwirnerei

Pamm, G.: Neues Acrylgarn für die Weberei und Wirkerei. Textilia, Milano 48 (1972) 8, S. 17–23.
Hochleistungsnähen und Qualitätsverbesserung. Japan Textile News (1971) 205, S. 56–58.

Texturfäden

Strecktexturierung von Sotexa. Chemiefasern/Textilind. 22/74 (1972) 7, S. 623–624.

Kernmantelfäden

Audivert, R.: Eigenschaften von Kernmantel-Garnen. Textile Ind. 136 (1972) 4, S. 108–111.

Sonstige Fäden

Ochiai, M. T.: Die Polynosic-Faser für die Umkleidung elektrischer Kabel. Melliand Textilber. internat. 53 (1972) 8, S. 864–865.

IV. Flächengebilde-Herstellungstechnologien

Kirchenberger, H.: Der Einfluß neuer flächenbildender Textiltechnologien auf die Herstellung herkömmlicher Gewebearten. Lenzinger Ber., Lenzing Österr. (1972) 33, S. 32–34, 36–41.
Egbers, G.: Verfahren zum Spinnen von Teppichgarnen. Textil-Praxis internat. 27 (1972) 6, S. 329–333.
Melchior, G.: Eine EDV-Prozeßkette für die Konfektion von Web- und Maschenwaren. Melliand Textilber. internat. 53 (1972) 8, S. 899–901.
Busch, M.: Einsatz texturierter Garne in der Weberei – ihre Herstellung und Verarbeitung. Chemiefasern/Textilind. 22/74 (1972) 7, S. 588–593.

Materialvorbereitung

Erfahrungen mit dem praktischen Betrieb der Spulmaschine Conematic der belgischen Firma Gilbons. Textil. Praha 27 (1972) 6, S. 180–182.
Burow, G.: Vorbehandlung von Garnen für Tufted-Teppiche mit langem Flor. Textilia, Milano 48 (1972) 8, S. 75–79.
Tasche, R., Großlaub, K.: Arbeitsgänge bei der Kettvorbereitung. Dt. Textiltechnik 22 (1972) 7, S. 408–410.

Weberei

Kirchenberger, H.: Entwicklungstendenzen auf dem Gebiet der Technik, Technologie und Organisation der Webereien. Melliand Textilber. internat. 53 (1972) 8, S. 874–876.

Weberei-Technologie

Schützenlose pneumatische Webmaschine. Textilia, Milano 48 (1972) 8, S. 25–27.
Kirchenberger, H.: Stand und Einsatzgebiete von Düsenwebmaschinen Chemiefasern/Textilind. 22/74 (1972) 7, S. 614–618.
Rentabilitätsvergleich zwischen einem Webautomaten und einer Greiferschützenwebmaschine. Ind. textile, Paris (1972) 1013, S. 491–495.

Erzeugnisse der Weberei

Skljannikov, V. P.: Untersuchung der monozyklischen Charakteristika von Geweben aus Viskosefasern und Polyesterfasern. Tekstil. Prom., Moskva (Textil-Ind.) 32 (1972) 3, S. 65–68.
du Bois, W. F.: Der Verschleiß verschiedener Bettlaken im Gebrauch und in der Wäsche. Melliand Textilber. internat. 53 (1972) 7, S. 802–807.
Die Teppichboden-Herstellung: Situation und Ausblick. Boden, Wand, Decke 18 (1972) 7, S. 22–24, 26.

Wirkerei und Strickerei. Konfektionstechnik. Sonstige Technologien

Schieblich, H.: Wirkmaschine zur Herstellung schlauchförmiger Verpackungsbehälter. Dt. Textiltechnik 22 (1972) S. 433–435.
Smith, St.: Zwirner und Kettenwirker: Möglichkeit für Gewinn. Textile Month (1972) 5, S. 44, 50.

Wirkerei- und Strickerei-Technologie

Kliment, L.: Die Verarbeitung von Wollgarnen auf Interlock-Rundstrickmaschinen. Wirk.- u. Strick.-Technik 22 (1972) 7, S. 461–468.
Seidel, L. E.: Berufserfahrung in der Maschenstoffproduktion schlägt sich im Gewinn nieder (S). Textile Ind. 136 (1972) 4, S. 43–47.

Erzeugnisse der Wirkerei und Strickerei

Haberstock, H.: Wirk- und Strickartikel aus texturierten TREVIRA-Endlosgarnen. TREVIRA in Mischung mit Naturfasern und DOLAN-Garnen. Wirk.- u. Strick.-Technik 27 (1972) 8, S. 526–527, 531–534.

Konfektion

Barát, G.: Forschungsarbeit in der Bekleidungsindustrie – Aufgaben der Entwicklung. Magyar Textiltechn. 24 (1972) 7, S. 369–371.
Possell, E.: Die Konfektionierung von Maschenware. Wirk.- u. Strick.-Technik. 22 (1972) 7, S. 487–489.

Berzsenyi, J.: Zuschneiden durch Laserstrahlen. Magyar Textiltechn. **24** (1972) 7, S. 372–373.
Müller, E.: Optimale Kettelleistung durch gezielten Einsatz unterschiedlicher Kettelmaschinentypen und Verwendung verschiedener Zusatzgeräte. Melliand Textilber. internat. **53** (1972) 8, S. 891–899.
Zukunftsmöglichkeiten des synthetischen Futterstoffes. Japan Textile News (1971) 205, S. 54–55.

Textilverbundstoffe

Milov, B. G., Florensova, R. P.: Textilähnliches Papier für einmaligen Gebrauch. Bumaž. Prom. (Papier-Ind.) (1972) 8, S. 5–6.
Michels, Ch.: Betrachtung einiger spezieller Probleme der Spinnvlies- und Spaltfaserstoffentwicklung. Dt. Textiltechnik **22** (1972) 7, S. 410–414.
ten Hoevel, B.: Neuentwicklungen bei Maschinen für textile Bodenbeläge. Chemiefasern/Textilind. **22/74** (1972) 7, S. 620–621.

Faserverbundstoffe. Vliesstoffe

Zilahi, M.: Die voraussichtliche Entwicklung von Technologie und wissenschaftlichen Grundlagen der Vliesstofferzeugung. Magyar Textiltechn. **24** (1972) 7, S. 353–357.
Stukenbrock, K.-H.: HF-Schweißwatten, Grundlagen, Herstellung und Anwendung. Melliand Textilber. internat. **53** (1972) 8, S. 883–888.
Böttcher, P.: Entwicklung von speziellen Prüfverfahren als eine Voraussetzung der Qualitätsverbesserung von Vliesstoffen. Dt. Textiltechnik **22** (1972) 7, S. 430–432.
Krčma, R.: Probleme und Perspektiven der direkt aus Polymeren hergestellten Vliesstoffe. Dt. Textiltechnik **22** (1972) 7, S. 414–417.

Fadenverbundstoffe

Pikovskij, G. I.: Bedeutungsvolle Erfahrungen aus der DDR in der Beherrschung der Malimo-Maschinen. Tekstil. Prom., Moskva (Textil-Ind.) **32** (1972) 3, S. 79–80.

V. Textilveredlung

Jaworska, W.: Ausrüstung von für Badeanzüge vorgesehene Maschentextilien mit einem Anteil an Spandex-Fasern. Technik włókienn. (Textiltechn.) **21** (1972) 3, S. 87–91.

Farbstoffe, Textilhilfsmittel

Nistor, A.: Die Reinigung kationischer Farbstoffe für Polyacrylnitrilfaserstoffe. Ind. textilă, București **23** (1972) 6, S. 363–368.
Güllemann, H.: Farbstoffdiffusion und Fasereigenschaften. Melliand Textilber. internat. **53** (1972) 8, S. 910–914.
Richardson, G. M.: Hilfsmittel beim Färben von Polyamidfaserstoffen. Teil 1, Mod. Textiles Mag. **53** (1972) 3, S. 34. 36–37.
di Giovanoel, G., von Rutte, B.: Optische Aufheller. Chemie, Eigenschaften und Analysenverfahren. Invest. Inform. textil, Tensioactivos, Barcelona **15** (1972) 2, S. 189–206.
Berger, A.: Beurteilung der Meßmethoden von optischen Aufhellern für die Waschmittelindustrie. Invest. Inform. textil, Tensioactivos, Barcelona **15** (1972) 2, S. 165–188.

Bleicherei. Sonstige Vorbehandlungsverfahren der Textilveredlung

Das Rocesa-Hochgeschwindigkeits-Bleichverfahren. Melliand Textilber. internat. **53** (1972) 8, S. 914.

Färberei

Ein Wegweiser zur Messung der Farbe und Farbdifferenzen mit photoelektrischen Dreifarbwert-Kolorimetern. J. Soc. Dyers Colourists **88** (1972) 7, S. 256–258.
Möck, W.: Färben nach Programm. VDI-Nachr. **26** (1972) 33, S. 8–9.
Clifford, F.: Schnellumkehr – ein Verfahren zur Erhöhung der Qualität der Farbstoffapplikation. Amer. Dyestuff Rep. **61** (1972) 3, S. 40, 44, 46.
Verträglichkeitsprüfung für Kombinationen von basischen Farbstoffen beim Färben von Acrylfaserstoffen. J. Soc. Dyers Colourists **88** (1972) 6, S. 220 bis 222.
Anderson, W. L., Bent, C. J., Ricketts, R. H.: Eine theoretische und praktische Untersuchung der Verträglichkeit der Systeme basischer Farbstoff/Acrylfaserstoff. J. Soc. Dyers Colourists **88** (1972) 7, S. 250–256.
Willerton, K.: Das Färben von Maschinentextilien aus 100% Wolle. Brit. Knitting Ind. **45** (1972) 515, S. 93, 95, 97–98.
Brook, F. W., Wood, W. E.: Die Lage der Schwefelfarbstoffe bei Anwendung auf Maschentextilien. Brit. Knitting Ind. **45** (1972) 515, S. 91, 113.
Ungermann, E.: Die Anwendung der Remazol-Farbstoffe nach dem Klotz-Kurzverweil-Verfahren. Textil-Praxis internat. **27** (1972) 6, S. 374–377.

Druckerei

Hampel, L.: Textile Denkmäler. Geschichtliche Ereignisse als Motive zum Bedrucken von Textilien. Teil I. Lenzinger Ber., Lenzing/Österr. (1972) 33, S. 46–64.
Vorbereitung von Maschenstoffen aus Polyester-Texturseide für den Umdruck. Brit. Knitting Ind. **45** (1972) 515, S. 83–84, 87–88.
Bernard-Filmdruck – ein rastloser Pionier. Textile Ind. **136** (1972) 4, S. 63, 65, 67, 69, 71.
Vellins, C. E.: Farbstoffauswahl für den Umdruck. Brit. Knitting Ind. **45** (1972) 515, S. 65, 67, 69–70.
Die Vorteile und einige wenige Nachteile des Umdruckverfahrens. Brit. Knitting Ind. **45** (1972) 515, S. 79, 81.

Ausrüstung, Trocknung

Houben, H.: Analytische Untersuchungen von Dekatierprozessen. Melliand Textilber. internat. **53** (1972) 8, S. 915–930.
Jung, H. Z., Benerito, R. R., Gonzales, E. J., Berni, R. J.: Gewebeeigenschaften von Baumwollen, die vor und nach der Harnstoff-Phosphorsäure-Hydrolyse mit methyliertem Methylolmelamin modifiziert wurden. Amer. Dyestuff Rep. **61** (1972) 3, S. 64, 66–67.
Gotschy, F., Hüpfl, J.: Flammfestausrüstung von Zellulosefasern und von Zellulosefasertextilien. Lenzinger Ber., Lenzing/Österr. (1972) 33, S. 28–31 a.
Roberts, E. J., Bose, J. L., Rowland, S. P.: Verteilung und Struktur der Reagenzien-Rückstände bei der Naß- und Wärmevernetzung von Baumwolle mit N-Äthylbis(2-Chloräthyl)amin. Textile Res. J. **42** (1972) 6, S. 321–325.

Kleber, R.: Möglichkeiten zur Oberflächenmodifizierung synthetischer Fasern in der Textilausrüstung. Chemiefasern/Textilind. **22/74** (1972) 7, S. 579–584.
Wagner, I.: Der Einfluß der verschiedenen Dekaturen auf die Eigenschaften von Wollgeweben. Ind. textilă, București **23** (1972) 6, S. 355 bis 362.
Franke, W.: Trocknen von Maschenwaren für Oberbekleidung. Tragdüsen oder Tragband? Chemiefasern/Textilind. **22/74** (1972) 7, S. 618–620.

Wäscherei. Chemische Reinigung

Rationalisierung beim Aufrollen von Maschenstoff-Einzelstücken. Wirk.- u. Strick.-Technik **22** (1972) 7 S. 483.
Aus dem Angebot der Aussteller. I. Reiniger + Wäscher **25** (1972) 7, S. 44–52.
Der Trend zur Bürstenwalze. Reiniger + Wäscher **25** (1972) 7, S. 55, 58.
Kunststoff-Textil-Verbund schuf einen neuen Industriezweig. Erfolgreiche Produkte für viele Bereiche. Kunststoff-Berater **17** (1972) 7, S. 576–578.

VI. Werkstoffprüfung. Meß- und Prüftechnik. Standardisierung

Lecher, H.: Neue Erkenntnisse und Verfahren auf dem Gebiet der Gleichmäßigkeitsprüfung. Melliand Textilber. internat. **53** (1972) 7, S. 744–749.

Eigenschaften und Fehler der Textilmaterialien u. a.

Baier, E.: Neues Textilkennzeichnungsgesetz. Wirk.- u. Strick.-Technik **22** (1972) 7, S. 445–449.
Nichols, L. D., Mohamed, M. H., Rochow, T. G.: Einige strukturelle und physikalische Eigenschaften von Garnen nach dem integrierten Komposit-Spinnverfahren. Teil I. Zweikomponenten-Garne. Textile Res. J. **42** (1972) 6, S. 338–344.
Varma, S. D., Chaudhuri, S. K., Sakar, R. K.: Mechanische Eigenschaften reduzierter Wolle und von Methylmethacrylat-Pfropfcopolymeren. Textile Res. J. **42** (1972) 6, S. 353–359.
Dobb, M. G.: Die mechanischen Eigenschaften von Wollfasern und der Einfluß der Faserstruktur und der Dimensionsänderung: Das Kraft-Dehnungsverhalten bei verschiedener Feuchteaufnahme. J. Textile Inst. **63** (1972) 6, S. 359.
Golovnja, V. D., Semak, B. D., Prichodko, N. V., Junak, R. G.: Der Einfluß des Abbaues der Gewebe auf deren Dehnungsverformung. Tekstil. Prom., Moskva (Textil-Ind.) **32** (1972) 3, S. 68–72.
Breuninger, A.: Anschmutzbarkeit von textilem Fußbodenbelag und Modifizierung von Faserstoffen. Textilia, Milano **48** (1972) 8, S. 71–74.
Mark, H.: Die Verbrennung von Polymeren und ihre Verhütung. Lenzinger Ber., Lenzing/Österr. (1972) 33, S. 5–11.
David, J., Barr, A. R. M.: Textilien und Mikroorganismen. Textile Inst. Ind. **10** (1972) 6, S. 173–176.

Meß- und Prüftechnik

Olson, E. S., Duffy, E. A., Vaughn, E. A.: Anfertigung von Faserquerschnitten zur Untersuchung der Farbstoffdiffusion. Amer. Dyestuff Rep. **61** (1972) 3, S. 58, 60, 62.
Nettelnstroth, K.: Die Anwendung des Polarisationsmikroskops zur Untersuchung synthetischer Fasern. Melliand Textilber. internat. **53** (1972) 7, S. 727–731.
Tallant, J. D., Pittman, R. A.: Der Einfluß des Klemmenschlupfes auf die Meßgenauigkeit der projektierten mittleren Länge von Textilfasern. Textile Res. J. **42** (1972) 6, S. 374–376.
Tautz, H.: Apparatur zur direkten Messung der Temperaturleitfähigkeit in festen und pulverförmigen Plasten in Abhängigkeit von der Temperatur. Plaste u. Kautschuk **19** (1972) 3, S. 585–589.
Finnigan, J. A.: Laborbestimmung der Neigung von Stoffen, während des Tragens Schlaufen zu bilden. Textile Inst. Ind. **10** (1972) 6, S. 164–166.
Carniol, B., Šimánková, L.: Eine neue Schaltung für die berührungslose Dickenmessung mit impulserregten LC-Meßkreisen. Meßtechnik **80** (1972) 7, S. 199–206.

VII. Betriebstechnik. Ökonomie. Tagungsberichte und dgl.. Sonderfragen

Betriebstechnik

Wie man das Lärmproblem mildert. Textile World **122** (1972) 5, S. 39–40, 43–44.
Rationalisierung der Funktionen des Lagers für Hilfs- und Betriebsstoffe. Textile Ind. **136** (1972) 4, S. 117, 119.
Kovarikova, H.: Reinigung der Industrieabwässer von Baumwollkombinaten. Textil, Praha **27** (1972) 6, S. 209–211.

Ökonomie

Jederán, M.: Nachwuchsprobleme der Webindustrie. Magyar Textiltechn. **24** (1972) 7, S. 358–360.
Körner, K.: Leistungslohn nach Metern bei der Qualitätskontrolle? Textil-Praxis internat. **26** (1972) 6, S. 352.
Váli, M.: Fragen der zeitgemäßen Produktenentwicklung. Magyar Textiltechn. **24** (1972) 7, S. 386–388.
Meier-Windhorst, C. A.: Die Verlagerung der produktionstechnologischen Entwicklung und Forschung vom Anwender zum Hersteller von Produktionsmitteln. Melliand Textilber. internat. **53** (1972) 8, S. 847–852.
Winnacker, K.: Wandlungen der Textilindustrie, ihrer Rohstoffgrundlagen und ihrer Arbeitsweise. Allg. prakt. Chemie, Wien **21** (1972) 6, S. 159–165.

Sonderfragen

Menges, G., Porath, U.: Moderne Methoden der Wissensvermittlung. Kunststoff-Berater **17** (1972) 6, S. 451–455.
Kunz, W., Rittel, H.: Das Wissen des Chemikers und seine Information – Vorschläge zur informationswissenschaftlichen Ausbildung. Chem. Ztg. **96** (1972) 6, S. 348–351.
Bork, K.-H.: Dokumentation chemischer Reaktionen nach dem System des Pharma-Dokumentationsrings e.V. Chem. Ztg. **96** (1972) 6, S. 330 bis 334.
Mancii, P.: Einfluß der Arbeitsbedingungen in der Textilindustrie auf die Gesundheit der Frau. Ind. textilă, București **23** (1972) 6, S. 369–372.
Wakelyn, P. J.: Baumwollstaublunge – Gegenwartslage. Textile Ind. **136** (1972) 4, S. 92, 94, 96–100.

31 712

FSC
www.fsc.org
MIX
Papier | Fördert gute Waldnutzung
FSC® C083411

Kolibri 360 GmbH
Ferdinand-Jühlke-Straße 7
99095 Erfurt, Deutschland
produktsicherheit@kolibri360.de